U0576026

陈严寒◎著

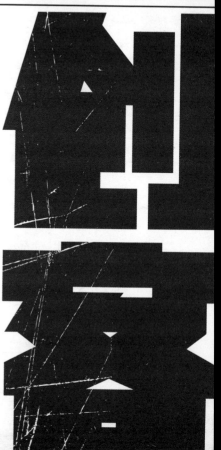

华夏智库
金牌培训师
书系

中国财富出版社

图书在版编目（CIP）数据

疯狂创客／陈严寒著．—北京：中国财富出版社，2015.5

（华夏智库·金牌培训师书系）

ISBN 978－7－5047－5620－6

Ⅰ.①疯…　Ⅱ.①陈…　Ⅲ.①创造能力—研究　Ⅳ.①G305

中国版本图书馆 CIP 数据核字（2015）第 063279 号

策划编辑	黄　华		**责任印制**	方朋远
责任编辑	丰　虹		**责任校对**	饶莉莉

出版发行	中国财富出版社			
社　　址	北京市丰台区南四环西路 188 号 5 区 20 楼		**邮政编码**	100070
电　　话	010－52227568（发行部）		010－52227588 转 307（总编室）	
	010－68589540（读者服务部）		010－52227588 转 305（质检部）	
网　　址	http://www.cfpress.com.cn			
经　　销	新华书店			
印　　刷	北京京都六环印刷厂			
书　　号	ISBN 978－7－5047－5620－6/G·0616			
开　　本	787mm×1092mm　1/16		**版　　次**	2015 年 5 月第 1 版
印　　张	15.75		**印　　次**	2015 年 5 月第 1 次印刷
字　　数	274 千字		**定　　价**	38.00 元

版权所有·侵权必究·印装差错·负责调换

一个创客的独白

一个人在黑暗的迷宫中摸索——

或许，会找到一些有用的东西，

或许，会撞得头破血流。

另一个人举着一盏小灯，等在黑暗中闪烁。

征途中，灯越来越亮，最终变成一盏光芒四射的明灯。照耀万物，一览无余。

现在我问你："你的灯在哪里？"

——D. I. 门捷列夫

这是一个快速变化、商品琳琅满目、让人目不暇接的时代；

这是一个创意层出不穷、创新接二连三、令人脑洞大开的时代；

同时，这也是一个巨无趣的时代。

科技的进步加快了产品甚至行业变革的速度，但也使这个世界快速地被缺乏文化内涵和人性关怀的同质化产品充斥。如同哈特穆特·艾斯林格在《一线之间》说的：

> "当所有的手机都是在亚洲的五六个工厂里设计并生产时，一个公司又如何为自己的低成本手机增加真正的价值？难道只是让自己的产品在外观上与竞争对手不同？"

这就是这个时代的特征——创意繁多，但又创意匮乏。而要解决这个问题，又只能借助于创意，正所谓——成也创意，败也创意。

看看我们身边，在以往任何一个时代都不会像今天这样，对创新、创意如此重视！一件小小的指甲剪也能做出千百样，一个曲别针也能诱发出无限创意。产品种类越来越多，产品的生命周期越来越短，技术的迭代速度越来越快，这正是创意极大地丰富了产品，让产品脱颖而出，让技术得到了改进。

可是，究竟什么是创意？创意来源于哪里？其本质是什么？如何才能激发创意？如何才能掌握打开创意大门的金钥匙？如何让脑洞大开？什么是创意的未来……这是我在工作中经常思考的问题，是在课堂上与学生探讨的问题，也是与客户交流最多的问题。

学生经常问我："老师，我如何才能找到工作？"

我对他说："让你自己与众不同！"

我一直反对营销专业的学生去参加人山人海的大型招聘会，也反对他们随便在网上找份简历模板就把自己"生产"出来，那是骨子里没有创意精神、行动上缺乏创意的表现。

一些客户也是这样！有的客户就经常提出这样的要求："项目要有创意，要独特，要唯一，要高大上，要接地气……"面对不同客户的多目标需求，如果经常需要拍脑袋，很快就会把"脑汁"挤出来，把自己拍死在沙滩上。所以，我们必须具有系统的方法，这样才能满足客户的要求。

创意是什么？创意，就是个人、企业、国家成功的源泉，是振兴第一、第二、第三产业的驱动器。诺贝尔奖获得者埃德蒙·费尔普斯在其《大繁荣》前言中就指出："人生的兴盛来自新体验：新环境、新问题、新观察以及从中激发出来并分享给他人的新创意。与之类似，国家层面的繁荣（大众的兴盛）就源自民众对创新过程的普遍参与。它所涉及的新工艺和新产品的构思、开发与普及，就是深入草根阶层的自主创新。"

创意因繁荣而起，繁荣因创意而兴，繁荣与创意就像是一对相伴而生的孪生兄弟！

创意不仅带来了经济效益，也带来了社会效益和生态效益，促成了创意产业的诞生。

1997年5月，英国成立了创意产业特别工作小组。由此，创意产业也开始作为一种"新经济"模式，成为吸引消费、拉动经济的"无烟工厂"，成为现代经济社会的重要部分。约翰·霍金斯在《创意经济》一书中说过这样一句话："全世界创意经济每天创造220亿美元，并以5%的速度递增。"

创立维珍商业帝国的理查德·布兰森就认为："一切行业都是创意业，只要掌握创意方法，就能颠覆任何行业。"就连美国副总统拜登也说："我们美国不是创新一个产品，我们是创新一个行业。"经济发展的过程主要分为要素驱动型阶段、效率驱动型阶段和创新驱动型阶段，而目前，中国正处于效率驱动型阶段，这就需要大力提升创新要素，从而实现中华民族的伟大复兴。

创意经济时代已经到来，这就是一个以创意为王、创意阶层快速崛起的时代。不论是生活情趣，还是事业理想；不论是体育竞技，还是商业竞争，创意都会让我们离成功更近。

2015 年全国两会，"创客"首次"闯入"《政府工作报告》，令创新创业者对前途充满期待。创客一词从 2014 年开始的崭露头角，到 2015 年两会上成为热词，甚至在国务院办公厅印发的《关于发展众创空间推进大众创新创业的指导意见》中都表明，创业尤其是互联网创新创业正有望迎来黄金期。"创客战略"在很多地方已经被纳入创新驱动发展战略的路线图，创客活动也逐渐由自发走向获得多方支持。作为一直执著于创新与创新战略探索的人来说，我也不禁加入"创客"的队伍。在这里，我愿意用我自己的"创客"经历来和广大读者共同分享新的魅力。

本书框架简单，但综合了很多方法，工具虽多但不失趣味。在书中，我虽然在说创意，但又不仅仅是创意，而是融合了很多前辈经验及自己的思想。所以，读完这本书不仅能帮助你了解创意，还能告诉你如何创意，进而帮助你更成功、更幸福。

就像法国作家普鲁斯特说的："创意的旅程不在于寻找新的景观，而在于得到新的眼睛。"

因为我们相信：人人都是创客！

作　者
2015 年 3 月

目录

第一章

创意，驱动社会前行

从人类社会的发展来看，在渔猎、游牧、农耕时代，以个体力量为代表的肌肉就是生产力，是原始社会；在工业时代，以科学技术为代表的知识就是生产力，是知识社会；在信息时代，以改变了空间和时间的互联网为代表的信息技术就是生产力，是信息社会；在已经快速到来的梦想时代，以个人和组织的创意为代表的梦想就是生产力，是梦想社会。

当人类用自己的体力搬动石头砸开坚果吃时，当几个人费劲地拖着猎物回到聚集地时，借力以减轻自身体力劳作的念头（其实就是创意）就产生了。借助别人的力量干活，就出现了组织和奴隶、雇工等组织形态和用工形式；借助其他动物的力量干活，有了牛犁地、马拉车等耕作、加工和运输方法……此后人类不断借助物力，用水力、风力把谷物磨成方便食用的米或面，用水力、风力发展了航运事业。

在此期间，很少有人注意到一些细小的创意也能引发发明，也能改变历史进程。

公元4世纪之前，古代人虽然驯服了马，但骑马还是件苦差事——当马奔跑或腾跃时，骑手坐在马鞍上，两脚悬空，为了防止从马上摔下来，只能用双腿夹紧马身，同时用手紧紧地抓住马鬃，这样极大地影响了骑行的效能，尤其对主要兵种骑兵影响巨大。

亚力山大大帝率军统一希腊全境时，横扫中亚，荡平了波斯帝国，占领了埃及全境，可是士兵们的双脚在马上却没有任何东西可以支撑，长年大范围征战，骑兵们的骑行艰难程度可想而知。后来，古罗马人发明了一种固定在马鞍前端的扶手，骑兵在战马奔跑时才开始有物可抓。可是，这种方式不仅制约了骑士的双手，而且其双脚依然悬空，底盘不稳，重心晃动，并不能从根本上解决问题。直到马镫的出现，这个困扰人类千年的问题才被解决。

据研究，发明马镫的创意很可能是从人们登山时偶尔利用皮绳打成环再踩环而上的经验中得到的启发。英国科技史权威李约瑟博士说："只有极少的发明像脚镫这样简单，但却在历史上产生了如此巨大的催化影响。就像中国的火药在封建主义的最后阶段帮助摧毁了欧洲封建主义一样，中国的脚镫在最初帮助了欧洲封建制度的建立。"正是中国人发明的马镫的传入，才使中世纪的欧洲进入了"骑士时代"。

到了18世纪，人类发明了蒸汽机，激发了第一次工业革命，使19世纪的世界发生了翻天覆地的变化，逐步造就了各类工厂和产业工人聚集的城市核心区。在20世纪初，以福特汽车工厂在大规模的流水线生产为标志的第二次工业革命发生了，造就了繁荣的工业区，促进了城郊的发展。这两次工业革命都改变了社会，改变了历史，都为人类打开了崭新的世界。

启动于20世纪40年代的信息技术革命（主要标志为计算机、原子能等技术的诞生），在70年代得到跨越发展（主要标志为微处理器的发明、网络的出现以及软件技术的发展），让社会生产力、生产关系发生了巨大变革，使人类走向了新的文明。这项变革为人类提供了新的生产方式，促进了生产力的大发展和组织管理方式的变化，致使产业结构和经济结构发生了变化。信息技术系统不仅使人们"学到老才能活到老"变为可能、成为必需，而且使越来越多的人消除地域、语言和文化的障碍，从事更多创造性的劳动。

20世纪，一共有两项重大发明：集装箱和互联网。互联网让世界变平，是"鼠标"；集装箱让经济全球化，是"水泥"。这些发明让世界变小、变平，成为了真正的地球村。

人类社会的发展和历史的进步是由生产力的发展所决定的，而生产工具是一定历史阶段生产力发展水平的重要标志。可以发现，生产工具的发明、运用、升级和创新过程无不与创意相关，而与人类关系紧密的衣、食、住、行既是生产工具发展的产物，也是在满足基础功能上的创意的产物。

就衣、食、住、行方面的产品来说，它的价值由基础功能、美观、附加功能、情感和象征等因素决定，创意在美观、附加功能、情感和象征等方面具有很大发挥空间。

衣：创意使其个性化

现在世界已处于全球性的经济、科技大战之中，大战的制高点就是"创意"——看谁在高技术、高创新领域有"制创权"、开创权、是带头羊。谁拥有更多的"知识产权"，谁在国际上说话就有分量。因此，现在全球大战其实就是一场"创意争霸"战！

——中国创意研究院院长　陈　放

关于衣服的产生，有很多观点。不管是环境适应说、羞耻说、吸引异性说，还是装饰说，其产生、发展都是创意推动的。虽然我们并不知道第一件衣服是如何产生的，但通过关联的创意方法从猎获的动物身上获得灵感却最有可能。

发展到现在，服装的款式、材质、装饰、色彩等创意层出不穷，除了正装、工装的创意空间较为有限外，时装本身就是"创意"的代名词。百度百科对"时装"的定义是：

> 指款式新颖而富有时代感的服装。时间性强，每隔一定时期流行一种款式。采用新的面料、辅料和工艺，对织物的结构、质地、色彩、花型等要求也较高。讲究装饰、配套。在款式、造型、色彩、纹样、缀饰等方面不断变化创新、标新立异。

作为创意产业的一部分，时尚服装行业是一个很具创造性的行业，在追求个性的今天，衣服的设计越来越有创意。服装设计师在满足产品本身的实用功能的基础上，设计外观的时候不仅融入了更多的时尚元素，还将个性化的追求融入其中，发挥自己的创新和灵感，设计出了独特的产品，满足了人们对美的追求。

正因如此，国内外各种时装周、时装秀接二连三，花样繁多。而讲究个性的大大小小的明星们走红毯，拼的就是服装的创意和设计，都希望自己能够在众人的眼光中显得与众不同。他们（特别是她们）最怕的就是撞衫——不仅能比较出高下，还成了茶余饭后闲谈的娱乐新闻。这是输不起的名利争夺战，所以娱乐行业存在这样一种说法："撞衫好比阴沟里翻船，同场撞衫好比飞来横祸。"

"撞衫"不仅促使明星时尚业以惊人的速度往前发展，还带动了时装甚至整个服装行业成为了创意产业的一部分。超级名模海迪·克鲁姆在主持《天桥骄子》节目时有句著名的开场白："One day you are in，next day you are out"

（今天你处在时尚的先锋，而第二天你就落伍了），所以个性化是创意在服装方面要实现的终极目的。

2007年4月15日，中国香港电影金像奖颁奖典礼上，舒淇穿着范思哲全球独一无二的灰白色雪纺吊带长裙。这条长裙镶有水晶及碎石，全由人手工钉制。"这是刚刚从意大利空运来，全球只有一件的礼服……"舒淇轻描淡写但绝对骄傲的话，是她名气和冠领时尚地位的综合反映。不仅设计具有独特的创意，舒淇还买断了该款的售卖创意，于是便造就了独一无二的舒淇，永远不会再有第二个人演绎这套只绽放一次的时装了。

就读于新加坡国立大学的格雷斯是一名时装插画师，她将时尚服饰插画与真实花瓣结合进行创意，创造出了令人为之惊艳的时装插画图。有人问她："为什么有这种与花结合的创意？"格雷斯说："其实，我的时尚设计开始与花朵融合纯粹出于偶然。有一天，当我在办公桌上创作时，一朵半枯萎的玫瑰花凑巧吸引了我的注意。我发现这朵玫瑰花很美，但也遗憾它的美丽是如此短暂。这时候，希望它们能保有永远的美丽的想法打动了我。接着，我便将这个想法加入到当时的设计图稿中，最令我惊喜的是，这样的结合出奇地优雅。后来想想，这也是一场美丽的相遇啊！"

为推动国内时尚创意产业又快又好地前进，由中国服装设计师协会、中国纺织报社主办，绍兴县人民政府承办的中国国际时装创意设计大赛已举办五届，这也说明创意在服装中的价值愈显重要。

城市创意服装地标

北京：798工厂 D‑PARK 北京时尚设计广场

798艺术区位于北京朝阳区，原本是一座20世纪50年代建成的工厂——798厂。从2001年开始，来自全国各地的艺术家陆续集聚在了798厂，他们从艺术家独特的视角发现了这个地方的独特优势。他们在原有厂房风格的基础上，做了一些装修和修饰，于是便有了极富特色的艺术展示和创作空间。

北京时尚设计广场——D‑PARK车间，是798厂中最具文化创意的地方。这里不仅有知名服装设计师设立的工作室，还有概念久芭模特经纪公司、中国服装设计师协会培训中心等机构组织，中国设计师在这里可以自由发挥自己的才能，一个个新的创意在这里诞生。

上海：名仕街时尚创意产业园

名仕街时尚创意产业园位于上海闸北区洛川中路，原本是一家污染严重的针织印染厂，从 2006 年 9 月开始经过设计动工，仅用了 3 年的时间就变成了国家发改委授予的"上海现代服装产业小企业创业基地"，吸引了大批创意、时尚、艺术爱好者，成了上海新一代地标建筑群。法国、日本、丹麦等 10 多个国家和地区的服装品牌已经率先入住，意大利的时装艺术学院还在园区里设立了培训基地。

深圳：F518 时尚创意园

深圳 F518 时尚创意园位于宝安中心区的核心地带，建筑面积有 25 万平方米。该产业园区以创意文化为核心，集时尚设计、流行服饰研发、设计版权销售、时尚资讯发布、时尚品牌展销、前沿面辅料展销等为一体。不仅是时尚品牌孵化、研发、交易、展示的集散地，更是时尚设计师的汇集场所。

📎 **创意小点子**

在 20 世纪 40 年代，美国有许多制糖公司，主要是向南美洲出口方块糖。可是，方块糖在海运过程中会出现受潮现象，因此给一些公司带来了巨大的损失。有家公司为了聘请专家研究具体的方法花了不少钱，但始终都没有将这个问题解决掉。

一天，一位名叫科鲁索的制糖工人想出一个简单的防潮方法：在包装纸上开一个小孔，使空气形成对流，方块糖就不会受潮了。其实，道理就如同大厅里开个排气孔一样，十分简单，但很容易被人们忽略。

后来，科鲁索把自己的这项"打孔"发明申请了专利，一家制糖公司了解到情况后，花费 100 万美元买下了这个专利的使用权。

食：创意使其丰富化

人的心、人的头脑就像一颗原子弹，如同一座思维反应堆，一旦开发出来，加以武装，加以受激辐射，或者经验积累到一定程度，就会拥有无限的创造力，尤其是拥有无限的创意爆发力。一旦完成了思维创意循环路线，只要打开记忆、想象、联想和梦幻组合的阀门，大脑就会爆发出宇宙风暴，产生无比美妙、无限奇妙的思维波，形成无比巨大的创造能量和创新动力。

——广东商学院副教授　宋太庆

饮食是人类生存的首要物质基础，也是社会发展的前提。在"食草木之实，鸟兽之肉"的原始社会早期，人与动物一样，饮食只是生存的本能。当人类结束生食期，开始用火制作熟食时，人类也就告别了像野兽一样生存的"茹毛饮血"时代，进入了文明时代。

人类是如何开始吃熟食的呢？据《淮南子·本经训》中记载：燧人氏"钻燧取火，教人熟食"。燧人氏又是如何发明熟食的呢？我们可以推测：在燧人氏用火时，有一次偶然地让生肉食接触到了取暖或驱兽的火，可是他没有及时发现。被烧烤的肉食散发出了诱人的香味，燧人氏注意到了，之后品尝了一下，松软、易于咀嚼、味道更好。燧人氏发现了事物间的关联性，产生了熟食的创意；然后经过多次尝试，便掌握了这项对原始人来说是一项非常复杂的技术工作的要领；接着，便向身边人传授、推广。

燧人氏发明的"钻燧取火"，以及用火烤制肉类食品的方法，是人类演化史上具有划时代意义的伟大发明，不仅使人类从野蛮走向了文明，而且使人类的身体素质和智力水平都得到了快速的提升。

新石器时代，陶器出现了，有了饮食器具、盛具、炊具，真正的烹饪开始了，人类的饮食就成为了技艺和智慧的产物。

到了周代，烹饪已经成为一门重要的艺术。《周礼·天官冢宰》载有："食医，掌和王之六食、六饮、六膳、百馐、百酱、八珍之齐。"周八珍的出现，显示了周人在烹饪方面的精湛技艺。这道菜先后采用烤、炸、炖三种烹饪方法，工序多达十余道。周八珍开创了用多种食材、多种烹饪方法制作菜肴的先例，后世名目繁多的各种菜肴都是在此基础上发展而来的。现在沿袭"八珍"的还有八珍糕、八珍面、八珍汤等。

自春秋战国始，各地各自形成了地域特色鲜明的四大菜系：鲁菜、苏菜、粤菜、川菜。此后创新迭出，饮食不断推陈出新，人类的饮食变得空前丰富。同时，饮食的基础功能也不断弱化，趣味、品牌、品位、环境、服务、尊重的比重不断上升。不论是传统的四大菜系，还是现在越来越丰富的各式新派菜系，都是技术，是艺术，是文化，背后推动它们的就是创意。这一点在工业化生产的食品上更为凸显。

我们花钱去餐厅吃饭，不仅仅是解决饥饱问题，更要在"吃好"的前提下产生愉悦的体验——人际的、服务的、环境的、奇特的。在成都一些饭店，可以一边吃饭一边欣赏变脸、吐火、滚灯等川戏表演，在北京一些胡同里的老王府可以享用近乎原汁原味的宫廷餐饮，在一些西式餐厅里可以感受到视觉、听觉等方面别致的服务。我们不仅吃味道，还吃环境、吃服务、吃情调、吃格调。

泰国 Soneva Kiri 度假村 Khun Benz 餐厅为客户提供了全球独一无二的树上用餐体验——用餐的包间是个大大的鸟巢，挂在树上，可以让宾客在一个融入原生自然的新奇而私密的环境中享受到最大化的餐饮之外的无形价值。服务员则通过林间索道穿梭于雨林中，为顾客送上食物、美酒和服务。

英国伦敦的餐厅"YO! Sushi"（餐厅名）用无人机上菜，给食客带来快捷、新奇、趣味的用餐体验，引来了食客追捧。餐厅用来运载餐食的无人机是一个 iTray（产品名）飞行盘，由碳纤维制成，装有四个小型旋翼，能以每秒 11 米的速度飞行，有效飞行距离为 50 米。在上菜时，服务员通过 iPad 控制 iTray 飞行，将餐食平稳地送给客人。厨房人员也能通过 iTray 上的摄像头确认食物是否已经送到客人餐桌边。

不知是受此启发还是创意相同，顺丰速运的无人机送货服务已于 2013 年 12 月进入了试运行。不过，顺丰的无人机并不会直接面向最终客户，而是在其不同网点之间进行配送，主要是将货物送往人力配送较难、较慢的偏远地区。

在"食"方面，创意浩瀚如海，不仅产品包装上的创意能直击人心，而且在产品基础功能之外也通过创意赋予了它们更多感官的、人际的、情感的价值。

马来西亚广告公司 Alpha 245 为中国台湾一家公司设计了一个网兜包装（Bigger Harvest），网兜开口由几片嫩绿的叶子锁紧，叶子既是装饰也是提手。当红橘被装进网兜之后，整个网兜就成了一个萝卜！看到这个包装，很多人都忍不住想要提一提。

选购蔬菜时，你会考虑哪些因素呢？在充足阳光下自然生长的蔬菜会不会是你的最爱？这正是 Sunfeel 罐头食品的优势。为了让这种优势变成看得着的卖点，俄罗斯设计机构 OTVETDESIGN 为其创意设计出了一种新的商标：每种蔬菜都被赋予了个性和形象，都戴着一副墨镜，酷感十足，萌态翻天。不管你联想到的是哈雷骑士，还是上海滩大哥，都可以凭直觉联想到这是一群沐浴在阳光下、自由成长的蔬菜们！

可口可乐的配方保持不变，但其创意却从未停止。

1. 分享可乐

独乐乐不如众乐乐，一份快乐分享给另一个人就变成了两份快乐。可口可乐就将这种理念创意到了罐身设计上。由奥美巴黎和奥美新加坡联手打造的可一分为二的两人"共享"的可口可乐包装，不仅给人们带来了惊喜，人们更乐意与身边好友一起分享，双倍的开心都在会心一笑的笑容里绽放。

2. 社交可乐

新场所，新面孔，很多独处的人等待机缘主动或被动地认识新朋友，搭讪对外表、口才和技巧的要求就高了。哥伦比亚的李奥贝纳看中了这一点，为可口可乐设计出一种新的瓶盖。这种特殊的瓶盖一个人是没有办法打开的，必须得两个人将瓶与瓶对接好，旋转一下才能打开。这样，你就不得不向周围同样需要帮助的人求助。于是，一个真实的需求，一个善意的求助，两瓶可口可乐，就会开启一段新的友谊。这个创意来源于可口可乐"分享快乐、友谊万岁"的品牌精神。

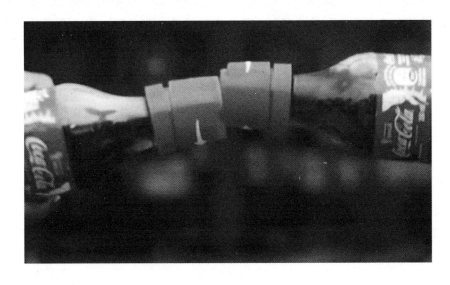

美国有家名叫 Flying Pie 的比萨餐厅，由创始人戴夫和康妮·帕克于 1974 年在美国爱德华州创办，1978 年迁到美国爱达荷州博伊西市，1979 年在俄勒冈州波特兰市开设分店。

Flying Pie 致力于以比萨餐为核心创建可复制的优秀经验，以诚信和终身学习为经营理念，相信"一个更好的创意总是赢家"。店主在 1997 年就建立了网站，开始在线营销。

比萨市场是两大巨头 Pizzahut（必胜客）和 Domino's（达美乐）的天下，Flying Pie 比萨餐厅规模很小，没有足够的资金来进行大型推广和营销。面对市场的激烈竞争和资金不足的限制，Flying Pie 是如何塑造出一个独特的比萨品牌呢？

1984 年 Flying Pie 开始创造并收集"客户之周"的名称，1987 通过开办社区培训班教人们如何在家做比萨。2002 年推出了"这是你的一天（It's Your Day）"的在线营销活动，每天 Flying Pie 都会给这天命名一个"名字"，例如：3 月 18 日是"Jack"，3 月 19 日是"Tom"。他们会邀请五位名叫这个名字的幸运市民于当天下午 2—4 点或晚上 8—10 时到 Flying Pie 的厨房制作属于自己的免费比萨，同时拍一张照片发到网络上。

Flying Pie 在网站上会每周公布下一周的名字，吸引了很多人看这个通知。还告诉大家：如果看到你朋友的名字，欢迎告诉他，然后叫他过来。

新的名字怎么选？Flying Pie 并未在家自顾自地选择幸运客户，而是让已被选中的幸运客户来提供自己朋友的名字，并综合投票情况来确定。如此一来，人群越来越大，新的客户会不断产生。结果，Flying Pie 所赢得的不再是最初的某个人，而是他背后的整个朋友圈子。这个活动默默地推行了好几年，结果几乎城里的每个人都默默地知道了。

德国有家"电影气味"广告公司，专门帮助品牌在电影院里投放该品牌产品的气味，同时在屏幕上播放产品广告。通过视觉和听觉感受到了奶茶动人的电影广告，适时地闻到了这种奶茶的香味，人们定然会再想来一杯，而且让人印象深刻。

马丁·林斯特龙所著的《感官品牌》中曾说到一个调查：有一个妮维雅防晒霜的广告，银幕上出现了一个阳光刺眼的沙滩，很多人躺在长椅或浴巾上享受日光浴，海浪阵阵，海鸥飞翔。这时，放映厅里散发出妮维雅防晒霜的气味，还伴随着妮维雅的商标和标语——"妮维雅，夏日香气"。根据电影院的票务统计，比起那些同样观看了广告但没有闻到妮维雅气味的观众，闻到气味的观众对广告的记忆力提高了 515%。传统的广告是用视觉和听觉来打动潜在消费者，这是通过在视觉和听觉基础上创意性加入嗅觉后的感官组合力量。

还是可口可乐，其早在 2002 年就在传统户外媒体上尝试了气味营销。当时可口可乐在上海推出柠檬可乐，公司找到一种香料，装在有自动感应功能的机器里，放置在公交站台里，自动味感器当人经过的时候会自动喷出味道，诱惑人的嗅觉，使人心动并购买。

据 2006 年 11 月 16 日《华尔街日报》报道，卡夫食品在赞助时代华纳旗下的《人物》杂志的假期特刊时其平面广告和文章都应用了气味工具。

例如，卡夫的费城奶油奶酪是整页广告，呈现了一个草莓奶酪蛋糕的图片。经摩擦后，照片会散发出这种甜品的香甜味道。此外，肉桂咖啡、Jell - O 果冻粉以及白巧克力的味道也在不同的广告中呈现。卡夫的气味还在文章中出现：文章配有热巧克力、糖屑曲奇饼干等食物的图片，这些图片经摩擦后也会散发出香甜的味道。卡夫食品希望通过这样的感官营销，使读者与广告互动更多，他们更容易记起广告所传达的信息。

这很容易理解！就像一位非常美丽的女性从你身边经过，你可能会惊鸿一瞥；如果她用了香水，你闻到了淡淡的特殊的香味，你可能会小小心动一下；如果你还听到了她婉转的声音，你可能会记住她的这一瞬间一段时间。

文化也被经常作为创意元素体现在食品上。白酒在中国源远流长，也是唯一进入"胡润全球十大最值钱奢侈品牌"的品类（分别是茅台和五粮液）。白酒上的创意让我们见识到了文化的力量。

几年前跟朋友在重庆小酌时，第一次喝到江小白，一下子被它的封套吸引——青春小酒，典型的抢先占位的定位方法，一个有点屌丝、有点叛逆、有点文青的卡通形象代言，口号"我是江小白，生活很简单"。封套上最突出的是一个大色块和上面用江小白之口说出的流行语、俚语或俏皮话，如"一个人，喝酒不是孤独，喝了酒，想一个人是孤独""求约酒、求陪同、求偶遇、求喝醉、求带走！"等，几乎瓶瓶不同。回到宾馆后我把江小白的口号发到了微博上，上小学的女儿在微博上跟帖："我是陈小寒，生活很幸福。"

2014 年，还有一群怀抱梦想的人用他们的行动打动了我。这群人里，有酿酒大师、国学大师、艺术家、心理学家、设计牛人、互联网精英……这是一个横跨白酒与艺术、传统与互联网的团队。在白酒领域的长期浸淫中，他们感受到中华酒文化生生不息的魅力，也看到了传统白酒浮躁、扭曲的现实困境。他们致力于颠覆传统白酒，让白酒成为文化最温暖的表达方式。他们重新定义了白酒，创意了国馆——每一款产品都会与艺术家跨界联袂创作，可以喝，可以把玩，更可以收藏。他们在文化、酒体、物流上用尽心思，包装上更是追求极致。他们历时两年反复打磨一款包装，从几百款古代器型中汲取灵感，为国馆·中国道定制了惊艳的景泰蓝卷外轴套，量身定制了高档陈列底座。

作为一款颠覆性的作品，"国馆·中国道"让人第一眼就能看出它的与众不同：极致中国风的卷轴造型，极尽繁复的景泰蓝纹饰，极简主义的瓶型。

"国馆·中国道"设计为一套四支，分别为："天道酬勤、地道酬善、商道酬信、业道酬精"，四种堪为座右铭的人生哲学，以酣畅的书法跃然于瓶身之上。文化从此看得见，摸得着，品得到。所以他们说，国馆不是在跟酒业巨头较劲，国馆是在向传统文化致敬。

创意小点子

美国有一间颇有特色的饭店，饭店老板实施一种特殊的经营术：凡来饭店就餐的顾客，都开具票据并记下顾客的地址、姓名。到了年底，老板进行年终核算时便把每位顾客在本年内在本店消费的累计总数核算出来，再从这位顾客带来的纯利润中抽10%作为回报，按顾客留下的地址、姓名返汇给这位顾客，并附简单说明。

已经到手的利润再拱手送与他人看似"愚蠢"，但实际这才是真正的高明：此举可谓是"感情投资"，收到返汇回来的钱后，顾客们先是大大出乎意料，继而又大受感动，便免不了把它当作新闻向亲戚朋友传播，无形中便充当了这家饭店的义务宣传员，而他本人今后自然会不断去光顾的。这样，这家饭店就既召来了回头客，又增加了新客源，这比花大价钱登广告强多了。

住：创意使其情趣化

在未来的知识型企业里，市场占有率词汇将被市场替代率取代。劳动生产率词汇将被知识利用率取代。另外，正如有的专家指出的那样，创新者成为委托人，是企业增量知识的创造者并决定企业生产什么；经营者管理工人并组织生产；资本所有者成为债权人，获取固定的利息收益；生产者负责生产，获取固定的工资报酬。

——中国职业经理人研究会专家　雷　波

从远古时代的人类洞穴居住，到现代建筑，人类的居住史就是一部住宅发展的历史，是人类社会变迁史的主要脉络，也是一部住宅创意史。

在30万年以前，人类居住在天然岩洞或野兽洞穴中，当时的人们以狩猎为生。在洞穴中他们很安全。后来也许是气候的变化，狩猎不再是可靠的来源，随着人类对环境适应能力的提高，人们离开了岩洞，逐渐开始了他们的半定居或定居的生活，房屋随之出现。

房屋是一种创造物，一种新的东西，一种独立于洞穴观念的新的庇护所。当时洞穴是唯一的参照物，将洞的构造本质加以提炼，然后用一种人为结构对其加以复制的能力是令人惊奇的，这是一种创意能力，能解释房屋为何总是从自然形式中找到灵感。根据考古发现，这些形式的建构来源于周围的各种原料，如泥土、岩石、树枝和芦苇。房屋造型的灵感也来自洞穴。洞穴的基本形状大体上是半圆的，于是房屋就被建造成圆形的。

从住宅的发展史来看，其发展路径大体是岩洞—穴居—半穴居—房屋—

庭院—城堡—多层高层住宅—回归自然，还有就是岩洞—穴居—篷居（蒙古包）和巢居—干栏屋—杆栏式。在此发展过程中，各种与当地环境、文化结合的创意得到固化，使我国形成了具有显著地方特色的川西、岭南、苏州园林、徽派、四合院、唐风等建筑风格，使世界形成了精彩纷呈的地域建筑文化。在这部创意发展史中，我们可以看到故宫、天坛、黄鹤楼、帆船酒店、风中烛火、棕榈岛、提篮楼等很多令人叫绝的建筑，也会为很多回归自然、文化醇厚的"住宅"心醉。

秘鲁境内安第斯山脉中的马丘比丘，被称作印加帝国的"失落之城"。"马丘比丘"在印加语中意为"古老的山巅"。古城海拔 2280 米，两侧都有高约 600 米的悬崖，峭壁下则是日夜奔流的乌鲁班巴河。

马丘比丘始建于 12 世纪，经过多年的发展，如今已经成为一座繁荣兴盛的城市，这是在没有车船知识时代的建筑奇迹。这里虽然地形险峻，却有完善的灌溉系统，城内规划井然，宗教、军事、民居各占一隅，城中处处透露着星辰历法的玄机，窗户都指向夏至和冬至的日出方向。由于其圣洁、神秘、虔诚的氛围，马丘比丘也被列入全球 10 大怀古圣地名单。

流水别墅是现代建筑的杰作之一，它位于美国匹兹堡市郊区的熊溪河畔，是 F. L. 赖特为考夫曼家族设计的别墅。在瀑布之上，赖特实现了"方山之宅"的梦想。别墅的室内空间处理也堪称典范，室内空间自由延伸，相互穿插；溪水由平台下怡然流出；建筑与溪水、山石、树木自然地结合在一起，内外空间互相交融，像是由地下生长出来似的。流水别墅在空间的处理、体量的组合及与环境的结合上均取得了极大的成功，为有机建筑理论作了确切的注释，在现代建筑历史上占有重要地位。

2008 年北京奥运会结束后，《福布斯》公布了世界商务人士首选的 12 家全球最佳酒店，华盛顿四季酒店、悉尼洲际酒店、芝加哥半岛酒店等世界顶级酒店入选在意料之中，出人意料的是居然有一家中国本土品牌的酒店赫然在列，它就是北京故宫皇家驿栈。

在标准化盛行的工业化时代，星级酒店和连锁经济酒店鳞次栉比，与皇帝的寝宫——乾清宫仅一墙之隔的故宫皇家驿栈是如何打动这些商务人士的呢？是创意！是在酒店定位和经营方式上的反标准化的创新！

作为国内首家精品文化创意酒店品牌，皇家驿栈以文化理念引领空间创意，并将具有显著地域文化特色的元素融入了设计空间，体现了中国传统文化与西方现代设计理念的完美融合。每一间客房都有独特个性的设计（没进那个房间之前你永远不知道那个房间长什么样子），加上贴身管家式服务，每一位入住的客人都会享受到宾至如归的体验。

Onuku Farm Hostel 是一家海边山区农场客栈，位于新西兰的海港小镇阿卡罗阿，1980 年修建，拥有 430 公顷农场，号称拥有价值 100 万美元的景色，但客栈价格每晚最低才 15 美元起。客栈的后山有私家步道，可以接近大海，采摘青口，还为顾客提供与海豚共舞的娱乐活动。其原汁原味环境的创意表达，例如："这里太安静了，你能听见钉子睡着的声音""外滩华尔道夫酒店，五星；迪拜帆船酒店，七星；Onuku Farm Hostel，满天星（银河）"，受到了很多人的喜欢，也让人们充满了期待。

其实，世界上还有很有趣的可以看星星的住处。

法国某设计师自己设计的泡泡旅馆就是其一。开始的时候，设计师想创造一种友好的生态空间，这是泡泡旅馆最初的灵感起源。泡泡屋的材料非常轻便，即使泡泡屋解体后也依然可以保持自然环境的独立完整性。泡泡屋的直径为 4 米，空间全部透明；同时，还有一定的隐私性部分——从硬件上来说泡泡旅馆并不是一次豪华之旅，而是专注于与自然亲密无间地交流。如此融身于自然中，也是一种真正的豪华体验！

除了能看星星的旅馆，还有能看极光的酒店。位于芬兰乌尔霍凯科国家公园中的伊格洛村玻璃屋顶度假村酒店，就可以看到世界七大奇景之一的北极光。

伊格洛村玻璃屋顶度假村酒店一共有三种房型：木屋、雪屋和玻璃屋。其中，透明的玻璃屋是看极光的游客的首选。玻璃屋的玻璃采用特殊隔热玻璃，不仅室内可以维持正常温度（室外温度只有 –30℃），玻璃还不会结霜，再冷都不会挡住视线。从透明的玻璃看出去，外面的一景一物全都一览无遗；房间内备有舒服的床和卫浴设备，躺在床上就可以 360 度全景欣赏北极光和周遭风景，想想就是奢侈的事情！

正是这些情趣化的住所提示我们，我们的创意方向应该从"城市里盖公园"转向"公园里盖房子"，就像林语堂在《中国人》里所说的："最好的建筑是这样的：我们居住其中，却感觉不到自然在哪里终了，艺术在哪里开始……"

创意小点子

在武汉市的一条街道上开着一家小副食店，老板虽然做了很多努力，可是生意一直不好。后来，为了把从门前经过的客人都留住，店主就想出一个十分简单的办法。他在店门口放了一把自行车打气筒，旁边放着一块小黑板，上面写道："免费打气，用完后请放回原处。"于是，每天都有很多骑自行车上下班从这儿经过的人在这里打气。

有些人打完气觉得不好意思，就会顺便在店里买一些日常用品带回家，时间长了便养成了习惯，小店的生意越做越好。后来，需要给自行车打气的人越来越多。遇到上班高峰，一把打气筒根本就不够用，于是店主又增加了一把。随着给自行车打气的人越来越多，他的生意也就越来越好了。

到了年底，店主一结算，营业额竟然比去年增长了30%。

行：创意使其空间化

创意是什么？创意是生存之父！创意是历史之母！创意是文明的发端！创意是文化的源泉！创意是科学的动力！创意是命运的契机！创意是成功的法宝！创意是艺术的真谛！创意是生机之闪电……

——中国创意研究院院长　陈　放

人类适应环境后，眼光会看向更远的地方。也许是为了减轻体力消耗，为了走得更快更远，发明者从自然界汲取了灵感和创意，一次又一次、一代又一代地发明改良了交通工具，让人类个体的空间扩展为地球村，让人类整体的空间拓展到外太空。

陆地交通工具的变迁：徒步→马→马车→自行车→火车、摩托车、汽车。

水上交通工具的变迁：人力船→风力帆船→汽船、轮船、潜水艇。

空中交通工具的变迁：滑翔机→飞机→火箭→宇宙飞船。

水、陆、空交通工具的发明创意来源于借力——外部动力的利用，从最初依靠人力，到把动物作为动力或工具（水上交通借助风力和水力）。可是，这些"借力"方式又有动力不能无限持续、补给、可控性、舒适性等诸多问题，经过人们的不停探索，终于发明了蒸汽机、内燃机。

看到鱼游在水中来去自由的本领，人们就模仿鱼类的形体造船，以木桨仿鳍。相传早在大禹时期，人们就已经观察到鱼在水中用尾巴的摆动来游动、转弯的情景了，于是他们就在船尾上架上木桨。后来通过反复的观察、模仿和实践，逐渐改成了橹和舵，增加了船的动力，掌握了使船转弯的技术。

潜水艇是受到鱼的潜游启发而发明、研制出来的。

1775 年，北美独立战争爆发后，英国凭借海上优势，纠集大批战舰，轮番轰击，使美军伤亡惨重。美军将军大卫·布什内尔不堪欺侮，决心反击对手。

大卫·布什内尔围绕"怎样才能炸沉敌舰"苦思冥想：从空中，没有办法飞越接近；从水上，无法隐蔽靠近。一天，被这个问题困扰很久的他坐在海边的礁石上，盯着水面发愣，突然看见一条大鱼悄悄潜游到小鱼的下方，然后猛地朝上一跃，成功捕获了它的猎物。

大卫·布什内尔从这场"海战"中获得灵感：能否造一条像大鱼那样的船，潜在水中神不知鬼不觉地钻到英国战舰底下去放水雷，炸掉它呢？从这个创意出发，布什内尔便与军事专家们共同研制出一艘单人操纵的木壳艇"海龟"号。

通过脚踏阀门向水舱注水，可使艇潜至水下 6 米，能在水下停留约 30 分钟。艇上装有两个手摇曲柄螺旋桨，使艇获得 3 节左右的速度和操纵艇的升降。艇内有手操压力水泵，排出水舱内的水，使艇上浮。艇外携一个能用定时引信引爆的炸药包，可在艇内操纵系放于敌舰底部。后经逐步改进和动力升级，就成了现代的潜水艇。

空中交通工具的发明创意来源于人类对鸟类的观察和其对自由飞行的向往，据《韩非子》记载，鲁班用竹木作鸟"成而飞之，三日不下"，这可能是人类史上第一架人造飞行器。经历了数代人的尝试、创造和牺牲，莱特兄弟在 1903 年制造出了第一架载人飞行的飞机"飞行者"1 号，并且获得试飞成功，人类从此开启了"上天"纪元。

创意还体现在对现有交通工具的改造利用上，如水陆两栖车、水上飞机等。

被称为欧洲屋脊的少女峰是瑞士的著名山峰，海拔 4158 米，以冰雪与山峰、阳光与浮云吸引着八方游客。由于是山地，坡度大，普通火车难以行驶或者建设成本太高，建设方就创意出了齿轮火车。

利用制造手表的高超技艺，在铁路路轨中间的轨枕上设置一条特别的齿轮轨道，机车下方装有齿轮，与齿轮轨道啮合着运行。这样，机车便可以克服附着力不足的问题，牵引车厢爬上陡峭山坡。

这种可爬 48°坡度的登山齿轮火车，为游客提供了新奇刺激的特种交通体验。自面世以来，齿轮火车百年不衰，已和少女峰、茵特拉根齐名。

除此之外，创意还体现在小型交通工具上。为了出行方便，各种各样的交通工具被广泛使用。为了追求个性，越来越多的样式新颖的交通工具便出现在了人们的眼前，受到了人们的广泛喜爱。

在追求个性的今天，交通工具也越来越富有创意！交通工具的设计和装饰更富有情趣。下面就给大家介绍一些：

• 折叠电动车

这款代步工具集电动车与旅行包功能于一体。折叠后是一只旅行包，可以用来放置生活与工作的必需品，方便地带上地铁、公交车等公共交通工具；展开后，就是一辆电动车，可以骑行。此旅行包电动车重量比较轻（10 千克左右），折叠快（在 30 秒之内完成），适合城市上班族、外出旅行者使用。

• 半人马

半人马是介于自行车和四轮汽车之间的一种交通工具，能携带一两个人，时速最高可达 20 英里/小时。驾驶时，身体前倾向前行驶，身体后倾减慢速度。

● 水陆两栖摩托车

这款摩托车很"酷"，摇身一变，摩托车就可以变成水上摩托车。无论旱路水路，都可以畅通无阻。

● 狂奔的箱子

明明是一个箱子，装上坐垫和手把是怎么回事？这是因为这箱子不是普通的箱子，虽然看似一个超大号旅行箱，但这是一台能够以约时速 55 千米飞奔的创意箱子！

这是名为 BOXX 的电动脚踏车，为了符合都会空间小的需求，特别做成时尚可爱的箱子外形，方便收纳。1 米高、约 90 厘米长，重约 55 公斤，最高可承重约 135 公斤。内建电池最多可以提供动力连续移动约 128 千米。使用 10 寸胎，还配备有 LED 灯、冬天加热座椅等附加功能。

创意不仅体现在交通工具的升级、变革上，还体现在交通组织管理上。例如：红绿灯的发明，以及后来增加提示的黄色灯。

杭州武林广场地下通道在高峰期人流量很大，绝大多数人都不愿意走楼梯，宁愿去挤自动扶梯，存在很大的安全隐患。为了改变这种现状，管理方创造性地把原来的步行楼梯改造成了国内首家钢琴键楼梯——人一踩上去就会发出钢琴叮叮咚咚的声音。这么一个小的改变，让很多人情不自禁地改变了选择，不再去挤自动扶梯，而是主动爬楼梯，而且有些人还来来回回爬好几回！

📎 **创意小点子**

一天，英国有一家大型图书馆要搬迁，可是由于该图书馆藏书量巨大，要想将所有的图书都搬到新图书馆，是需要付出很高的搬运成本的。这时，一位图书工作人员想出一个好办法：立刻对读者们敞开借书，并延长还书日期，只不过需要读者们增加相应押金，并把书还入新的地址。

馆长听说了这条建议后，觉得很有道理，便采纳了。结果，不但大大降低了图书搬运成本，还受到了读者们的欢迎。

疯狂创意时代来临

一个伟大的创意就是一个好广告所要传达的东西；一个伟大的创意能改变大众文化；一个伟大创意能转变我们的语言；一个伟大的创意能开创一项事业或挽救一家企业；一个伟大的创意能彻底改变世界。

——美国广告首席创意指导 乔治·路易斯

联合国权威发布的《2010 创意经济报告》，确立了创意产业的国际主流地位。2014 年发布的《创意经济报告 2013》认为，创意经济依然快速发展，继续在创造收入、创造就业机会和出口收入方面成果卓著，显示出更加强劲的发展驱动力。报告援引联合国贸发会议于 2013 年 5 月公布的数据：2011 年世界创意商品和服务贸易总额达到创纪录的 6240 亿美元，在 2002—2011 年间增长了一倍有余。在这期间，创意经济的年均增长率为 8.8%。发展中国家创意商品的出口增长势头则更为强劲，同期的年均增长率达到 12.1%，已经成为世界经济发展最快的部门之一。

今天，创意经济在发达国家呈现出不同的越界扩容与转型升级形势。英国作为老牌的具有历史优势的创意产业国家，创意产业已经占了整个经济的 9.7%，提供了 250 万个以上的工作岗位，这比英国金融服务业、先进制造业和建筑业的就业岗位要多，而且从业人员人数增长速度是全部劳动力平均增速的 4 倍。

英国的创意产业领先世界，其经验被其他国家广为研究和复制，但 2013 年 4 月英国一家名为内斯塔的独立慈善机构发布的《创意经济宣言》指出，英国原有的创意产业的定义、相关政策和经营模式已经有些过时了，跟不上互联网时代的发展。报告给出了十条建议，建议英国政府重新定义创意产业，将定义简化为"专门使用创意才能实现商业目的的部门"并且扩大分类；还建议开放互联网，并且在教育方面加强数字技术的普及，在税收等政策方面鼓励创新。

除了英国，那些创意产业起步比较早的国家，如澳大利亚、美国等都将更多的研究力量投入到数字化和社交媒体中，以继续保持创意产业在本国的国民生产总值的增加值、对外贸易和高收入创意人才数量方面的领先地位。美国将创意产业称为"版权产业"，2010年其占国民生产总值的6.4%，提供了510万个就业机会，并且比其他劳动人口的平均收入高27%，尤其是其出口总值达到1340亿美元，远远高于航空业、汽车制造业和农业。

欧盟2011年启动了"创意欧洲"计划，从2014年起支持欧盟的文化与创意产业发展，其目的也正是为了帮助文化与创意部门在"数字时代"和全球化背景下获得更多的机会，为欧盟的"欧洲2020"十年发展计划助力，以实现可持续的经济、就业和社会凝聚力的增长。

意大利是"以文化产业为发展传统的国家"，2009年发布了《创意白皮书》，梳理了创意产业的"意大利模式"，包括时尚产业、"味道产业"等意大利特色产业在内的城镇化与传统文化产业的发展模式。

创意产业在我国已经蓬勃发展，从下面摘自网络的《中国创意城市榜》可见一斑。

北京——是创意产业的影视、出版等的中心。这些中心绝大多数都是先自发形成的，然后再由官方认可。

上海——已经宣布启动了18个创意产业集聚区。上海希望自己能够和伦敦、纽约、东京等站在一起，成为"国际创意产业中心"。

广州——天河区是广告、影视、媒体、IT等创意工作的集聚区。

深圳——深圳的创意产业主要包括印刷、动漫、建筑、服装等，立志成为"创意设计之都"。

长沙——《超级女声》证明了长沙在电视节目方面的创意。另外，长沙卡通艺术节开幕、金鹰卡通频道开播、长沙的创意城市特色也有着独特的地位。

昆明——昆明大理丽江向来被看作是生活方式的典范，这里是手工业创意人群的天堂。

苏州——上海的有些创意工厂落户在苏州，苏州的创意产业在觉醒。

杭州——该市最大的设计联盟是 LOFT49。在运河边上，近万平方米的旧厂房中汇集了 17 家艺术机构。

三亚——很多选美比赛都在三亚举行，比如：世界小姐总决赛、新丝路中国模特大赛等。

重庆——2005 年 1 月 5 日，中国创意产业高峰论坛在重庆召开。4月 16 日，2005 中国（重庆）创意经济与城市商业开发高峰论坛在重庆举办。

成都——2004 年，成都市拥有近 30 万互联网用户，是全国三大数字娱乐城市之一。

厦门——2005 年 12 月 28 日，首届厦门（闽商）品牌与城市创意论坛举行。

西安——西安具备强大的文化竞争力，拥有很多高校，人均教育指数在全国位居前列。

2014 年发布的《国务院关于推进文化创意和设计服务与相关产业融合发展的若干意见》（国发〔2014〕10 号）指出："文化创意和设计服务具有高知识性、高增值性和低能耗、低污染等特征。推进文化创意和设计服务等新型、高端服务业发展，促进与实体经济深度融合，是培育国民经济新的增长点、提升国家文化软实力和产业竞争力的重大举措，是发展创新型经济、促进经济结构调整和发展方式转变、加快实现由'中国制造'向'中国创造'转变的内在要求，是促进产品和服务创新、催生新兴业态、带动就业、满足多样化消费需求、提高人民生活质量的重要途径"，并制订了"到 2020 年，文化创意和设计服务的先导产业作用更加强化，与相关产业全方位、深层次、宽领域的融合发展格局基本建立，相关产业文化含量显著提升，培养一批高素质人才，培育一批具有核心竞争力的企业，形成一批拥有自主知识产权的产品，打造一批具有国际影响力的品牌，建设一批特色鲜明的融合发展城市、集聚区和新型城镇。文化创意和设计服务增加值占文化产业增加值的比重明显提高，相关产业产品和服务的附加值明显提高，为推动文化产业成为国民经济支柱性产业和促进经济持续健康发展发挥重要作用"的宏大目标。

发达国家创意产业的现状和发展趋势说明，创意经济在升级、扩容、跨界，变得日益多元化，社会性因素正在凸显。传统的文化领域整个价值链融进了互联网，渗透到人们的全部生活空间。这些变化迫使我们走出心理舒适区，尽管有很多不确定，但令人兴奋。因为它为我们带来了无限新的可能，让我们有机会对这个世界产生更大影响。梦想社会开启了，创意时代来临了。

创意小点子

汉斯是德国的一个农民，不管做什么事情都喜欢动脑筋，所以经常只要花费一点力气就能有很大的收获。转眼间就到了土豆收获的季节，村里的农民又开始忙乎了。他们不仅要把土豆从地里收回来，还要把土豆按个头分成大、中、小三类。由于工作量巨大，为了能在最早的时间把土豆运到城里销售，大家都起早摸黑地干。

汉斯家则没有这样做，他们根本就没有做土豆分拣工作，而是直接把土豆装进麻袋运走了。只不过，在向城里运送土豆时，他们并没有走平坦的公路，而是走颠簸不平的山路。去往城里的公路有数英里，由于车子不断地颠簸，小的土豆都滚落到了麻袋的最底部，大一点的自然就留在了上面。到了市场之后，汉斯再把大小土豆进行分类出售。

由于节省了时间，汉斯的土豆上市最早，卖出了比别人更理想的价位。

延伸案例

拉斯维加斯——世界娱乐之都

如果说拥有世界岛、帆船酒店、哈利法塔等蜚声世界的创意建筑的迪拜是全球建筑师的理想天堂，那云霄飞车就建在街边上的拉斯维加斯则是人类创意的试验场。拉斯维加斯，是美国内华达州的最大城市，曾以赌博闻名，现在是世界知名的度假胜地，被称为"世界体验之都"和"国际会展之都"，全世界的玩法都能在这儿找到。

"Las Vegas"源自西班牙语，意为"肥沃的青草地"，即沙漠绿洲。拉斯维加斯开埠于1905年，内华达州发现金矿后，大量淘金者拥入，一度繁荣。

1910 年矿业衰落，州政府关闭了所有的赌场和妓院。1931 年大萧条时期，为了渡过经济难关，州议会通过了赌博合法的议案，拉斯维加斯这座博彩之都从此迅速崛起。但拉斯维加斯并没有迷失成为一座永远黑色的贪婪之城。后经大财团收买重整，创意与资本结合，城市形象逐步更新，现在是有各种主题酒店、风情旅游、一站式全玩中心的体验之都，还是国际会展之都。

城市的诞生依赖于创意，城市的发展依然靠创意。从大楼、庭院的设计，到室内装修、店面装潢、橱窗展示，在拉斯维加斯无不给人耳目一新的感觉。大楼内部的设计不仅豪华气派，而且别出心裁，让人叹为观止。

例如威尼斯人酒店，简直就是意大利威尼斯城，在这里蓝天、河道、小桥、贡多拉、酒吧、圣马可广场一应俱全，可以以假乱真。

拉斯维加斯发挥自己的创意，把每个店面、每个橱窗、每个过道、每个墙面、每个空间都设计成了游客不得不看的艺术品。

拉斯维加斯有很多酒吧，但每个酒吧都不一样。酒吧设计更是独具匠心，更用心、更考究，更有艺术性。走在拉斯维加斯的街道上，就像进了扩大了的世界公园，各种独具特色的建筑时不时地会进入你的眼帘。

拉斯维加斯的硬件让人眼睛一亮，但它背后的软件常被人们忽略。例如它对赌场的管理极为严格：21 岁以下者严禁赌博，他们进入赌场必须有成年人陪伴，禁止卖给他们酒精饮品；赌业公会有严格的自律机制，严格审查，严格监督，一旦发现问题，当事人将永远从在当地可以经营赌业的名单中除名；对赌场中了头奖者，如果需要，由两名警察将其全程护送到在美国任何地方的家中；禁止 18 周岁以下的青少年在周末或节假日 21 时后在大道上停留，除非有父母陪伴。这是一座纸醉金迷但不糜烂的城市，一切在规矩中进行。赌场、酒吧和儿童乐园和谐共处。

拉斯维加斯秉承了美国发展壮大的精髓——搭建最好的平台，吸引最好的资源，世界就会来跳舞。百乐宫大酒店里常设 "O" 秀（ "O" 代表观赏时的惊讶之情），由世界著名的加拿大太阳马戏团主演。那是拥有 81 位跨国艺人的超强阵容的水上表演，其中许多杂技技法源自中国，乐器中还有笛子。听说有不少中国杂技演员通过各种渠道参与其中。就技巧而言，中国杂技团是顶级的，但缺乏这样的跨界组合能力。

创意，成就了拉斯维加斯；拉斯维加斯，让世界见证了创意的力量。

第二章
**打开创意的
黑匣子**

创意是一种超越现状、超越常规的导引，是思想库、智囊团的能量释放，是深度情感与理性的思考与实践……创意就是创造，就是新思维，就是新点子、新方法。

创意是对传统观点的叛逆，富有创意的人一般都不拘一格，做事的时候会打破常规、破旧立新，他们会让自己的思维进行碰撞，会让自己的智慧进行对接，想出具有新颖性和创造性的想法；他们会不断调动自己的逻辑思维、形象思维、逆向思维、发散思维、系统思维、模糊思维和直觉、灵感等多种认知方式，得到自己想要的结果。

在半个世纪前的欧洲，电影是一种非常时髦的东西，在大大小小的剧院里，每天都会挤满了看电影的观众。可是有家电影院里，却遇到了一点小麻烦：一些年轻的女孩在欣赏电影时经常会戴着大帽子，很容易挡住后面观众的视线，引来了不少投诉。

有人建议老板发出一道禁令，禁止观众戴帽子。可是，想到戴帽子是当地女性的一种风俗，老板说道："这样做不太好，要想得到高票房，只能用提倡的方法。"

于是，下一场电影即将开始的时候，银幕上打出了这样一则广告："凡年老体弱的女士，允许戴帽观看电影，不必摘下。"这样一来，所有的帽子，都立即被摘了下来。

一项伟大的事业，不仅要通过伟大的目标来鼓舞人、激励人，还要通过和他们的切身利益相连来不断地获得别人的支持。为了让女观众将头顶上的帽子摘掉，老板独树一帜，用一则小小的广告便解决了这个问题。这个办法极富创意！比强制观众摘下帽子要强一百倍！

从人类诞生的那一刻开始，"创意"就开始左右人类的发展了。只不过那时候是没有"创意"两字的。人类每一次的发明、创造都是在一定的环境、压力、生存下产生的。创意是一种超越自我、超越常规的导引，是思想库、智囊团的能量释放，是深度情感与理性的思考与实践……创意能够创造出更大的效益，包括物质的和精神的效益。

今天，"创意"成为了一个热词，百度搜索"创意"相关词条约1亿条，和"生活""工作""学习"的搜索结果相同，基本接近无穷。可以说，"创意"已经成为我们工作、生活、学习中的重要内容之一。

我们经常会评价别人的方案或产品有创意或缺乏创意，乐意为富有创意的产品传播信息。甚至不少人认为，创意是有天分的人才能干的。那么，究竟什么是创意？创意的本质是什么？创意来源于哪里？如何生成创意？……

回归创意本质

再神奇的电脑技术也只是一种手段、一项工具，对广告业而言，最重要的资源永远是人脑、是人的创造力。是否有创意，无论任何时候都是决定一个广告优劣高下的最根本因素。

——世界著名广告网络集团制作总监　阿德里安·霍梅斯

很多时候，我们看到的都是创意被实施的结果，所以觉得创意很神秘；而且，身边的很多创意人很另类（也许是服饰，也许是言行，也许是外貌），这就让我们身在创意被人为罩上的各种迷雾里，"云深不知处""不识庐山真面目"。

著名创新学者阿尔伯特·罗森伯格博士在其著作《新兴女神：艺术、科学和其他领域的创意过程》中写道：

在经历创意过程时，创意人基本上不会，也无法注意或记录他们实际的思维和行为。通常当他们完成工作的时候，会因成就之庞大而感到不可思议、无言以对，到时再站开来一看，容易采取一种神话式的观点。在这种情况下，将自己的成就视为不可思议，几乎完整地源自某种不可知或外来的源头，似乎是可以成立的。

这也许和"成王败寇"的逻辑如出一辙，成就越大，创意被神化就越大，人们离创意的本质也就越来越远。

说到创意的本质，绕不开创意的定义。创意意味着打破既有框架，给"创意"定义似乎在限制创意。但如能给出一个好定义，那也是一个很好的创意。

《辞海》对创意的解释是：①有创造性的想法、构思等；②提出有创造性的想法、构思等。既可以是名词也可以是动词，但关键词是"有创造性的想法、构思"。这是字面的解释。

学者们对创意的定义各有不同。国内普遍采用的一个定义是：

> 创意是人们经济、文化获得中产生的创新性的思想、点子、主意、想象等新的思维成果，是一种创造新事物、新形象的思维方式和行为。

这个定义的关键词是"创新性"和"思维成果"。
国外有个定义也获得了多数人的认可：

> 创意是生产既新颖又适当的作品的能力。

这个定义的关键词是"新颖"（强调创造性）、"适当"（强调可行性）和"能力"（人具有的一种能力）。

本书也难以免俗，给出的定义是：

> 创意是人们在社会活动中产生的具有创新性、可行性和价值性的思维成果。

创意无处不在，是在囊括了人类所有方面的社会活动中产生的。创新性强调的是思维成果突破了现状，是新生的；可行性强调的是思维成果能实施，具有成功可能性；价值性强调的是思维成果能给利益相关方带来大的价值，包括经济价值、社会价值、生态价值等。

如果一个创意只具有新颖性，没有实施可能性，那就是异想天开。即使具有可行性，如果不能带来大家关注的价值，也不会被社会接受。

前卫音乐家查尔斯·明戈斯曾说："创意不是与众不同就行了。演奏中搞怪谁都会，那是容易的。"所以创意除了与众不同，还要可行且具有价值。

从众多有关创意、创新的研究成果和人类的发明来看，创意是人类的本能，只不过很多人自我设限或受制于各种约定俗成、规矩和权威，抑或囿于环境，抑制了这种能力的发挥，甚至逐渐丧失了这种本能。所以，现代舞开创者马莎·格雷厄姆说："从来就只有一个你，你的表现是独特的。如果你阻挡这个表现，它是不可能从任何其他媒介中出现的，它永远不会存在，它会消失。"

从这个层面来说，建筑学家约翰·库地奇给"创意"下的定义"是一种挣扎，寻找并解放我们的内在"极为生动、准确。因此，相信创意是一种本能，开发并放大它，才是发挥潜能的最好选择，也是个体最伟大的创意。

在《赖声川创意学》中，曾引用藏传佛教大师吉美钦哲仁波切的话："最伟大的创意就是在改造自己。大部分艺术家都只是在搅起或倒出一些习惯性的东西，并无新意。真正的创意在于自我的转化"。

也许，这才是创意的本质。

📎 创意小点子

一次，法国科学家别涅迪克在打扫实验室时，不小心碰到了一只长颈玻璃烧杯，烧杯滚落到地上。瓶子没有摔碎，只不过在瓶壁上出现了很多裂纹。他感到很奇怪，便把它拣了起来，藏在了自己的实验室里。

几年后的一天，别涅迪克在一张报纸上看到一则车祸消息：汽车撞在电线杆上，司机和乘客被车窗玻璃碎片击伤，呼吁科学家发明一种不出碎片的玻璃。别涅迪克一下子就想起了那个烧瓶，于是便找了出来。

研究发现，这是一只装硝化纤维溶液的烧瓶，在瓶壁上结有一层胶膜，因此掉到地上的时候才没有摔碎。别涅迪克受到启发，反复实验之后，终于发明了一种不起碎片的汽车专用玻璃。之后，他还发明了防弹玻璃。

创意的来源

经营策划是市场成功的灵魂，创意策划是经营策划的灵魂，而创意思维则是创意策划的灵魂。因此，创意策划、创造性思维是一切创造活动的直接动力和源泉。

——广东商学院副教授　宋太庆

创意是人类潜藏的本能，会因外界或大或小的刺激突然浮出意识的表面。这种"突然"会不会是在意识的水下冰山长期酝酿之后的结果？是否能开发出对大多数人都适用的方法或技巧？

大卫·奥格威盛赞广告界的"镇山之宝"的詹姆斯·韦伯·扬时认为，创意是旧元素的重新组合，创意者只是发现了旧元素之间的关联性。

彼得·德鲁克指出，大部分创意是来自刻意、有目标的寻求问题的解答或取悦顾客的机会。创意有六个来源：新知、顾客、领先使用者、共鸣设计、创新工厂与秘密计划、创意的公开市场。

研究发现，95%的创意与现有的产品和服务有关，5%的创意才是突破性的。所以，创意来源于我们的社会活动，来源于我们平时知识和经验的积累，来源于我们的兴趣和想象。离开了现实中的一切，创意也就无从谈起！

（一）创意起源于人类的创造力、技能和才华

创意起源于人类的创造力、技能和才华，来源于社会，对社会发展又起着一定的指导作用。

人类是创意、创新的产物！类人猿首先想到了造石器，然后才使用手脚把石器造了出来；而石器一旦造出来，类人猿也就变成了人。从这个意义上来说，人类是在创意、创新中诞生的，也是在创意、创新中获得不断发展的。

今天，我们生活在一个文化与经济相结合的时代，文化正全方位地向经济生活的一切领域渗透，任何一个领域都可以表现文化的内涵。

所谓创意设计，其实是由创意与设计两部分组成的，是一种将富于创造性的思想、理念和设计的方式得以延伸、诠释的过程；而创意设计则可以把一些非常简单的东西或想法不断地延伸到另一种表现方式上，主要内容包括：工业设计、建筑设计、包装设计、平面设计、海报设计、服装设计、个人创意特区等。

创意设计不仅具备了"初级设计"和"次设计"的因素，还融合着别具一格的设计理念——创意。来源于生活的创意设计不仅可以激发人们去采取行动，还能促使人们改变固有的生活方式，让自己的生活变得丰富多彩。

1. 生活情趣的形态

人们在日常生活中都会感受到一定的生活情趣，比如：情调、品位、乐趣、体验等，而这些生活情趣却都可以引发创意的联想。比如：在咖啡馆喝雀巢咖啡的时候，通过阳台上的阳光、萨克斯的音乐、浓郁的咖啡味等，人们就可以感受到一定的生活情趣。

2. 生活价值的形态

生活可以给我们带来一定的成就感、成功感、自豪感、满足感和归属感。根据马斯洛需求理论，人的需要一共可以分为五个层次，由低到高分别是：生理生存的需要、安全安定的需要、爱情感情归属的需要、受人尊重的需要、自我实现的需要。也就是，从物质需要到精神需要，从具体需要到抽象需要……而所有的这一切都可以给人以启迪，激发起人的创意。

（二）梦是你的创意来源

对于有些人来说，"梦"是一种不足为奇的事情，很多人并没把它放在心上，不管做什么梦，都没有引起足够的重视。然而，在科学创意和发明中，梦却发挥着一种非常微妙的作用；正是由于梦的出现，才让我们的一些创意活动少走了许多弯路。

谢惠连是我国南朝著名的文学家，他小时候非常聪明，10岁的时候文笔已经非常不错了。族兄谢灵运比他大12岁，很喜欢他，也很器重他。

一次，谢灵运在永嘉郡的西堂构思诗作，思考了很多时间，绞尽脑汁，也没有写出一个满意的句子。他感到又失望又疲倦，便放下纸笔趴在桌上睡着了……突然，他看见弟弟谢惠连笑盈盈地冲他走过来。然后，两人兴高采烈地一起上楼观赏早春的美景。

谢惠连一边指点着碧水、芳草、垂柳、飞鸟，一边和谢灵运谈笑风生，突然谢灵运脱口称赞说："池塘出春草，园柳变鸣禽。"这不是自己日思夜想的佳句吗？

谢灵运一高兴便睁开了眼睛，当他看到自己身处何地时，才知道自己刚才做了一个梦。他回想着梦中的情景，似乎有点模糊不清，可是那两句诗却依然记得清清楚楚，于是他急忙提笔记了下来，越吟越好。

为什么在梦中会产生新想法呢？原来，在睡觉的时候，人对周围环境的戒备就会放松甚至消失，大脑的思维就可以无拘无束地向各个方向发展，还可以用一种非逻辑的形式进行。在睡梦中，人的想象力可以得到自由发挥，可以将潜意识充分挖掘出来，因此新的想法和创意是很容易在这一刻出现的。

在睡梦的情况下，人的紧张情绪会大大缓解，思想会变得格外放松，理智的限制受到了削弱，思想就会犹如脱缰的野马在浩瀚的意识世界里自由驰骋，既能搞明白在清醒状态下所不敢想的事情，也能呼唤出藏在意识中的人脑对物质世界的反映，如此，人的思想范围就会成倍数地增加，创意就会纷纷出现。

可是，在梦中也会出现很多稀奇古怪的幻境，因此许多梦有时候也是不可靠的，所以一定要严肃、慎重地对待梦这种创意意识，要学会去粗取精、去伪存真。具体来说，在梦中寻找创意时，应该注意以下一些内容。

1. 要感受到主要创意的存在，清楚地知道自己真正想要什么

因为只有明确了自己的主要创意焦点，才能激活个人内在的创意动机，才能激发起完成创意的热情。

2. 超越时间、空间，放下所有的限制思考

在梦想没有实现以前，也许它是抽象的，但只要我们对自己充满信心，梦想都是有可能实现的。

3. 高度集中的注意力，也是筑梦的关键

意念转换的时候通常会产生巨大的能量，把能量集中起来，将注意力集中在梦想上，就可以让注意力形成一股专注的能量，梦想成真。如果对自己信心不足就会产生更多的害怕与担心，会影响创意梦想的动力，只有对自己有信心，创意才会出现。

（三）想象是一切创意活动的基础

一般来说，我们只能感知一些事物的某些组成部分或某些发展环节，很难对事物的整体做出完整清晰的认识。但在它的薄弱之处，我们却可以用想

象来加以填充。

古代，伐木的时候人们一般都会用到斧头。有一次，鲁班带着自己的几个徒弟上山砍木材，一连砍了几天，累得精疲力竭，可数量依然不够，鲁班心里非常着急。

一天，鲁班又出来砍木材，爬山坡的时候不小心被一种野草划破了手指。小小的叶片怎么会割伤手指？鲁班摘下一片叶子轻轻一摸，发现叶子两边都长着很锋利的锯齿，鲁班明白了。这时，他又发现在旁边的一棵野草上趴着一条大蝗虫，两颗大板牙一开一合正津津有味地吃着草叶。鲁班把大蝗虫捉来，仔细观察，原来在大蝗虫的大板牙上也排列着许多的小锯齿。有锯齿的树叶把人的手划破，长有锯齿一样的板牙的大蝗虫能吃草叶，难道……鲁班的思维奔驰着……如果做成带有锯齿的竹片，是不是可以用来锯木头？鲁班把竹片做成带齿形状，在树上轻轻一试，果然一下就把树皮划破了。

下山之后，鲁班请铁匠打了一条带齿的铁片，到山上进行实践。事实证明，用这种铁片锯木头效果更好，就这样，鲁班用他的想象发明了锯子。

不可否认，锯子的出现源自于鲁班的想象。当鲁班看到长有锯齿的叶子时，当他看到虫子的牙齿上有锯齿的时候，受到启发，便设计出了长有锯齿的锯子。这种工具的出现，不仅可以加快砍木头的速度，更可以节省时间，而所有的这一切都是想象的力量作用的结果。

鲁班造锯的故事再一次告诉我们，想象是创意活动的基础，创意需要想象！

📎 创意小点子

一次，英国科学家亨利·布里尔利打算研究一种不易磨损的合金钢，用来制造枪炮。他在钢中加入了各种金属，试验了很多次都没有成功，只得到一大堆试验剩下的废钢铁。

一天，在倾倒废钢铁时，亨利发现，有几块钢铁还没有生锈，感到很奇怪。他拣起其中的一块，分析之后发现，此钢铁是含碳0.24%、铬12.8%的铬钢，不管在任何情况下都是不易生锈的。虽然它的价格比较贵、太软，不能做枪炮，但很适合制造餐具。于是，亨利便和他人合伙创办了一个餐具厂，获得了不锈钢发明专利，产品轰动了整个欧洲。

创意生成模型

　　信息时代是一个竞争高度激烈的时代，只有跳起来，才不会被别人甩下。要想跳起来，你必须有创意，创意能让你跳得越来越高。比如：精神产品的生产，像软件、艺术、媒介、金融等，这些都需要你的创新、创造能力，一个好主意可以顶一百个、一千个在机器流水线上工作的人产生的价值。

——科利华网络股份有限公司　宋朝弟

　　任何创意的生成并不是无缘无故的，即使是灵感的闪现，当事人也一定会在此过程中有意无意地使用到某些方法。如果对这些方法进行有意识的培养，就会提高我们的创意能力。要想了解创意的出现，就要了解创意的生成模式。

　　创意生成模型是我在学界前辈的构架基础上结合工作实践"创意"出来的系统框架，如下图所示。

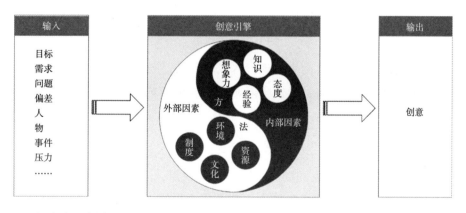

　　我认为，创意的生成是有路径可循的，要经历三个步骤：输入（动机条件，创意缘起）——创意引擎（内外结合，灵感顿生）——输出（创意成果）。

　　从模型中可以发现，创意的能力不仅是人大脑的功能，也是人行为的结果。也就是说，在既有智商水平下，通过改变我们的行为，就能提高创意能力。

　　根据莫顿·列兹尼科夫（Merton Reznikoff）等人的研究，一般性智力

（IQ）基本上是先天的禀赋，但人的创造性行为只有 25%～40% 是由遗传因素决定的。这就说明，决定创造性行为的主要因素（60% 以上）是后天习得的。

（一）输入

创意生成过程是一个系统，它的输入就是人内部"创意"系统与外部系统之间的联系。输入是创意产生的动机，是创意生成系统存在的必要条件。我认为，在目标的驱使下、有需求的时候、出现问题的时候、出现偏差的时候、出现特定的人事物的时候、面对压力的时候……都会激发创意生成系统。与一般系统输入不同的是，创意生成系统的输入只有信息输入，没有物质和能量输入。

创意是自我挣扎，是改变自我习惯的状态或行为的过程。改变习惯需要动力，动力分为诱因或恐惧。如果一种行为发生了，是因为诱因足够，行为没有发生，是因为恐惧不够；如果一种习惯改变了，是因为诱因足够，一种习惯没有改变，则是因为恐惧不足。

网上流传的一个段子很能说明这个道理：

> 一天，七仙女在湖中洗澡，八戒很想看。他觉得，仙女喜欢花，便摘了一堆鲜花，大喊："快来看花，美丽的鲜花啊！"仙女们不为所动。唐僧微微一笑，朝湖面轻声道："施主，小心鳄鱼！"众仙女急忙飞奔上岸。

恐惧比诱因具有更大的动力！因为较之获得，人们更在意失去的痛苦。所以，马基雅维利说：恐惧比感激更能够维系忠诚。因此，创意生成系统的输入要素可以调整成为巨大的诱因，让创意人活在期待的快乐中；也可成为足够的恐惧，让创意人用心地解决他所忧虑的问题。

1. 目标

目标是个人、部门或整个组织所期望实现的成果，在清晰的目标吸引下，人们就会全力以赴。这时候，他们的主动性和思维都会被积极调动起来，容易出现新思路、新想法。

工作中的创意多数是基于"目标"的激发或目标长期藏于心中获得的灵感，例如，为了实现人类"上天"的目标，人们创意出了多种飞行模型，最后莱特兄弟终于成功发明了飞机。

哈佛大学有一个非常著名的关于目标对人生影响的跟踪调查。对象是一群智力、学历、环境等条件差不多的年轻人，调查结果发现：27%的人没有目标，60%的人目标模糊，10%的人有清晰但比较短期的目标，3%的人有清晰且长期的目标。

25年的跟踪研究结果显示：

那些有清晰且长期的目标的3%的人，25年后几乎都成了社会各界的顶尖成功人士，他们中不乏白手创业者、行业领袖、社会精英；

那些占10%的有清晰短期目标者，大都在社会的中上层。他们的共同特点是，短期目标不断被达成，状态稳步上升，成为各行各业的不可或缺的专业人士。如医生、律师、工程师、高级主管等；

占60%的模糊目标者，几乎都在社会的中下层，他们能安稳地工作，但都没有什么特别的成绩；

剩下27%的是25年来都没有目标的人群，他们几乎都在社会的最底层。他们都过得不如意，常常失业，靠社会救济，并且常常在抱怨他人、抱怨社会、抱怨世界。

根据行为经济学的研究，低标准的目标往往使人谨慎行事，高标准的目标往往使人敢于冒险。《孙子兵法》也云："求其上，得其中；求其中，得其；求其下，必败。"在创意之前，我们是不是应该确定一个略高且清晰的目标？

2. 需求

跟经济学中"需求是在一定的时期，在一既定的价格水平下，消费者愿意并且能够购买的商品数量"的定义不同，创意生成系统的需求是指目标对象内部一种不平衡的状态；对维持发展其状态所必需的客观条件的反应，是某种需要的具体体现，包括个人和组织的需求。需求一旦得到满足，就有了创意的动力。

明晰需求的关键在于找出有价值的空白并完成空白填补——产品功能的空白、产品性状的空白、价格的空白、服务的空白、商业模式的空白，以及人们无意中透露出来的某种需求空白，积极寻找未被满足的空白点，就会产生创意。

很多人难以忍受排队候餐的无聊和怠慢，也不甘心让时间如此浪费。一家名叫尚首文化的电子书店就发现了这种需求，在香港推出了一项专门针对排队者的服务，让阅读随时随地都可以。

尚首文化发现，香港人每天工作时间长，没有多少时间来读书。为了销售他们的电子书，也为了鼓励人们更多读书，他们和餐厅合作，发给排队的顾客一张特殊的候餐券。当顾客排队感到无聊时，可以通过扫描号码券右下方的二维码，用自己的手机或其他移动设备访问尚首文化的网站并下载书籍。

尚首文化的合作伙伴马克西姆餐厅免费提供了这项服务。一周内，发放了110000张候餐券，尚首文化网站点击率随之上升了22%，图书销量上升了5%。

创意小点子

在常年的走街串巷中，有个年轻人发现：一些商店的楼面非常干净亮丽而招牌却很黑。一打听，他才知道，原来这些清洗公司只负责洗楼，不负责清洗招牌。年轻人立刻抓住了这一未被满足的空当，他买了人字梯、水桶和抹布，办起了一个小型清洗公司，专门负责擦洗招牌。今天，这家公司已经有了150多名员工，业务扩大到了其他城市。

3. 问题

问题是实际状况与目标、标准和期望的差距，是需要解决的矛盾、疑难。问题型输入是人在没有明显的、现成的解决方案的情况下，将给定情景转化为目标情景的要求。

自然科学是在问题基础上发展起来的。为什么太阳会升起又降落？为什么天上会下雨？为什么植物在特定的季节会开花？为什么瓢虫是蚜虫的天敌？为什么苹果会落下来？这些问题提供了理论建立和智力发展的机会。没有问题，人们就不会想象，意识和思维就会衰退。

上下班高峰期或在机场外长时间等候出租车是一件让人痛苦的事情。在1946年，深受此苦的美国密歇根州汽车代理商沃伦·安飞士发现了这个问题，于是便在底特律创建了安飞士航空租车公司。当时，租车公司一般都是在市中心的大型车库选址的，安飞士开创性地在各大机场提供租车服务，迅速赢得了大片市场，2012年安飞士的年收入为73亿美元，共有员工29000人。这是租车行业的一次重大创新。

现在，安飞士租车已代表着租车行业的顶尖水准，业务遍及世界165个国家和地区，拥有5000多个经营网点；已经发展成为全球规模最大、产品最多、服务范围最广的汽车租赁品牌之一。

服务具有变异性，使得可以低成本运行的标准化自助语音系统在电信业和银行业广泛应用。尽管事先录制好的声音动听、正式又专业，但大部分人都讨厌它的枯燥、按部就班和一成不变，不停地按数字，不停地选菜单，还得不停地选择"继续等待，请按……"不少人因此挂掉电话。美国一家银行在语音系统中加入了一个小小的创意，却取得了非凡的效果。

其实系统大部分程序跟国内相同，只是直到最后选单快结束时，你会听到很意外的提示："如果你想听鸭子呱呱叫，请按7"。按"7"，鸭子呱呱的叫声就从听筒里传了出来。这种等待是不是变得很有趣？据说，系统中加入这个鸭子叫的选项后，每天被点按的次数超过1000次。

创意小点子

暑假前，杰克对父亲说："我想找份工作，这样整个暑假我都不用伸手向你要钱了。"父亲同意了，还给予了他最大的支持。为了帮儿子找工作，父亲还给他买了很多报纸。

这天，杰克在一则广告上找到了适合他专长的工作。杰克和对方进行了电话联系，对方让他第二天去考试。第二天上午8点钟，杰克就按要求来到报考地点，可是这时候在他前面已经有20个应聘者了，他是第21位。

怎样才能引起主考者的特别注意而赢得职位呢？杰克思考着这个问题，突然他想出了一个主意。他拿出一张纸，在上面写了几行字。然后，把纸折得整整齐齐，交给了秘书小姐，恭敬地说："小姐，请你马上把这张纸条交给你的老板，这件事情非常重要。"

"好啊，先让我来看看这张纸条……"秘书小姐看了纸条之后，微微一笑，立刻站起来走进了老板的办公室。结果，老板看了纸条也笑了起来。原来，纸条上是这样写的："先生，我排在队伍的第21位。在您看到我之前请不要作任何决定。"最后，杰克如愿以偿地得到了这份工作。

当杰克发现自己前面已经排了很多应聘者的时候，为了引起老板的注意，为了抓住机会，便想出了一个极富创意的办法。不可否认，他之所以会想出这样的办法，主要是为了解决问题。当问题出现的时候，有目标且积极的当事人思维就会更加活跃，是容易想出新点子的。

4. 偏差

偏差是指在问题解决过程中出现的与目标、标准或期望的小差距、小问题，很容易被人忽视，也容易变成大问题。当然，如果有好的创意，也能变成大机会。

一个偶然的机会，安特耶·丹尼尔森和罗宾·蔡斯注意到了汽车租赁公司会员分车共享的现象。经过调查他们发现，有相当一部分城市租车者觉得现有租车公司的服务相当不方便，特别是他们只要租车一两个小时时。这就说明，短时租车者需要一个程序更便捷的租车公司，才能满足更多消费者的需求。

现有租车公司服务的偏差造就了巨大的市场机会。2000年，丹尼尔森和蔡斯成立了 Zipcar 汽车租赁公司，投资者包括 Greylock Partners（机构名）和 Benchmark Capital（机构名）等美国著名投资机构。目前，Zipcar 在美国、加拿大、英国、奥地利、西班牙的 220 个地区设有网点，会员通过网络、电话便可预约并使用车辆。截至 2013 年 7 月，该公司拥有超过 810000 名会员并提供近 10000 辆汽车，年营业额约 2 亿美元。2013 年 3 月公司被安飞士以每股 12.25 美元共计 5 亿美元的价格收购。

ZipCar 之所以大受青睐，一个秘诀就是大大简化的租车流程，全部过程居然只需一分钟就能全部搞定——完全网络操作，无须柜台办理，更不用找人帮忙。Zipcar 的经营模式非常简单清晰，顾客第一次加入 Zipcar 时只需要支付 25 美元的申请费（需要完善信用卡资料），3～7 个工作日后 Zipcar 就会给你一张经过无线视频识别技术（RFID）处理的会员卡。

Zipcar 的车子通常停放在居民比较集中的地区，当会员需要用车时，可以直接上 Zipcar 的网站或者通过电话搜寻需要的那段时间内有哪些车可用；网站就会根据车子与会员所在地的距离，通过电子地图排列出可租用的车辆的基本情况和价格；会员可以根据自身出行的特点选择汽车的生产厂家、型号甚至颜色进行预约，预约后就在预约的时间内到车子的所在地拿车，用会员卡就可以开/锁车门（磁卡感应，没有预约的车是无法开启的），然后将车开走。使用完之后，只要在预约的时间内将车开回 Zipcar 停车位的地方，用会员卡上锁，还车即告完成。

Zipcar 的租车模式不仅减少了人工服务的费用，而且自助消费的模式也让消费者拥有了很大的自主权，因此很快流行开来。

当租车行业存在服务偏差、进入全新的蓝海市场时，传统的大型汽车租赁公司还只是专注于现有顾客服务质量的提高、在新的区域市场建立分支机构、引进新的豪华型或运动型租赁车辆、安装导航系统、为现有顾客提高附加服务质量等更加"努力的战略"，死守着固有的模式，忽略了顾客感知的偏差，也就失去了领跑新市场的机会。

📎 创意小点子

威尔逊是美国的巨富，在创业初期，他的全部家当只值50美元。第二次世界大战结束时，威尔逊赚了一点钱，便决定从事地皮生意。当时，由于受战争的影响，人们都很穷，很少有人会拿巨资买地皮盖房子、建商店、修建厂房等，因此地皮的价格一直很低。

对于很多人来说，这样做很不划算。当朋友们听说威尔逊要干这种不赚钱的买卖时，都表示反对，但威尔逊却坚持自己的主张，他认为，虽然连年的战争使美国经济不景气，甚至下滑，但美国是战胜国，经济很快就会起飞的，地皮的价格一定会日益上涨。

威尔逊拿出手头的全部资金，又向银行贷了一部分款，然后便买下了一块面积很大的却没人要的地皮。这块地皮地势低洼，既不适宜耕种，也不适合盖房子，所以一直无人问津。威尔逊亲自到那里看了两次之后，就以低价买下了这块荒凉之地。

威尔逊相信，美国经济很快就会繁荣，城市人口会越来越多，居住用地也将会不断扩大，他买下的这块地皮一定会成为黄金宝地。果不其然，3年之后，随着城市人口的骤增，市区的迅速发展，马路一直延伸到了那块地的边上。人们突然发现，这里是一个风景宜人的好地方：宽阔的密西西比河从它旁边蜿蜒而过，大河两岸，杨柳成荫……于是，这块地皮的身价立刻翻番，许多商人都争相高价购买，可是，威尔逊却没有出手。

后来，威尔逊自己在这块地皮上修建了汽车旅馆，命名为"假日旅馆"。由于地理位置好，舒适方便，生意非常兴隆。从那以后，威尔逊的假日旅馆便雨后春笋般地出现在了美国及世界其他地方，威尔逊获得了成功。

5. 人

某类人群的目标、需求、问题、偏差都有其较为明显的特征，因此可以作为创意生成系统的输入。这类输入产生的创意更有针对性，也更人性化。例如，为老年人开发的功能简单、按键更大的老年手机，为大脚人士设计生产的超大号皮鞋。

通用电气公司的道格迪兹设计了一款医院用的核磁共振仪器，一次在实际使用时，他看到一个小女孩被吓哭了。通过观察，他发现，医院里将近80%的儿童患者需要服用镇静剂才能做核磁共振，这让他大为受挫。道格迪兹本来觉得，自己的这台机器能拯救生命，然而事实却给了他很大的打击——这台机器带给孩子们的是恐惧。

这种恐惧变成了道格迪兹的"恐惧"——毕竟跟他的初衷偏差太大，设备的效果在小孩身上也没得到太好的体现。道格迪兹注意到了"小孩"这类人群，于是便有了一个与小孩喜欢的元素结合的跨界创意。

道格迪兹把核磁共振检查变成孩子们喜欢的游乐园大冒险，并在墙上和机器上画了很多场景图案。他请儿童博物馆、游乐园的工作人员给医务人员重新培训，核心内容就是如何让孩子们乐意在这里冒险。

对孩子们来说，这就变成了一次独特体验。医务人员对孩子们解释噪声和检查舱的运行，并对要做检查的孩子们说："好了，你现在要潜入这艘海盗船，别乱动，否则海盗会发现你的。"

结果是戏剧化的！需要服用镇静剂的孩子从80%降到了10%。医院和通用电气公司对此都很高兴，他们不用一直找麻醉师了，每天可以做的检查数量也大幅增加，效果十分显著。有位小女孩做完检查后，甚至还跑到妈妈那儿说："妈妈，我们明天还能再来吗？"

6. 物

95％的创意是旧元素的重新组合，因此物体的颜色、大小、形状、轻重、功能等都可能成为创意的来源。新生儿保温箱的出现非常具有戏剧性。

妇产科医生史蒂凡·塔尼耶在逛动物园时，看见了小鸡孵化器的展示——刚孵出来的小鸡摇摇晃晃地在温暖的孵化器里走动，他的脑海中一下子就冒出了一个想法：能否建造一个给人类新生儿用的类似装置？以降低学爬前婴幼儿20％的死亡率？结果他成功了，给新生儿使用保温箱后，死亡率降低了一半。

7. 事件

事件一般是指社会上已经发生的产生相当影响的事情。它的发生是受多重因素激发而产生的，可以来源于人类社会生活的方方面面，也可能来源于自然界的突然变化等。因此，事件是创意生成系统的重要输入元素。

第 22 届俄罗斯索契冬季奥运会开幕式上，奥运五环由雪花慢慢转化而来，从空中飘落。在五朵雪绒花绽开成奥运五环之际，位于右上角的那一环却未能绽放，导致奥运五环变成"四环"。这一事件，是主办方的操作事故，结果却被不少紧跟"五环变四环"这一热点的企业炒作成了创意故事。

五环变四环

"When four rings is all you need."——给，你们要的四环。奥迪的这一句，横扫千军。

2011年6月23日北京城连续暴雨，"来北京，带你去看海"成了那天的流行语。下午下班时间雨越下越大，新闻报道地铁站积水关闭，京城大堵车，意味着很多人回不了家，同时意味着很多人在微博上消磨时间。杜蕾斯就充分利用了这一事件。

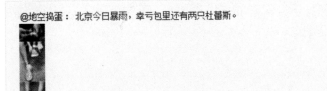

粉丝油菜花啊！大家赶紧学起来！！有杜蕾斯回家不湿鞋~//@网购超人克拉克：@杜蕾斯官方微博

@地空捣蛋：北京今日暴雨，幸亏包里还有两只杜蕾斯。

根据传播链条的统计，杜蕾斯此次微博传播覆盖至少 5000 万新浪用户。同时在腾讯微博、搜狐微博的发布，影响人群也在千万级别。

8. 压力

自从人具有了社会属性，社会经济的发展就会导致压力的剧增。造成压力的主要原因有三个方面：工作，生活，个人性格。创意是工作和生活的组成部分，而性格影响创意潜能的发挥和发展。

一般来说，在面对压力的时候，人们会进入一种不舒适的状态，会寻求变化以使自己重新进入舒适区域。这种变化可能是视而不见（但心理发生了变化）、逃避和主动改变。面对压力的态度决定了"改变"的有效性。有效的改变，需要创意。相比较而言，短期压力比长期压力更能激发普通人的创意。所谓"急中生智"，也是一种短期压力状态下获得的创意成果。

美国职业压力协会主席丹尼尔·柯什博士曾说："短期压力能让人把注意力集中在现实情境中，排除外界干扰。人们此时更愿意尝试新事物，表达具有创意的想法。"

德国弗赖堡大学的学者在 2012 年试验发现，压力能让人表现出更积极的行为，更容易信任别人，办事更可靠，更愿意共享资源。

美国新墨西哥州立大学学者最新研究发现，短期压力会导致压力激素水平剧增，相当于在大脑中点亮一盏灯，让人能更清晰地思考问题。

创意小点子

英国著名小说家毛姆在未成名之前，他的小说销量极小，几乎无人问津。在穷得走投无路之下，他用自己最后一点钱，在大报上登了一则征婚启事。

"本人是个年轻有为的百万富翁，喜好音乐和运动。现征求与毛姆小说中女主角完全一样的女性共结连理。"

广告一登，书店里的毛姆小说一扫而空，一时之间洛阳纸贵。从此，毛姆的小说销售一帆风顺。

（二）创意引擎

创意引擎激活了知识、经验、想象力和态度等内部要素。积极的态度能提升人们的认知力、判断力并拓宽人们的思想，增强人们的行动技能；人们会更灵活地运用知识和经验，自由地发挥想象，生出很多新线索、新想法。

创意引擎联动了资源、环境、文化和政策等外部要素。宽松的政策和制度会让舒适的物理环境下怀有愉悦心境的人们的思想变得自由，鼓励创新的文化会让自由的思想能够飞翔，丰厚的跨界资源会让自由飞翔的思想激发更广阔的想象力并做系统思考……创意方法会让创意引擎更有效率地运转起来，通过创意所需的内外要素的互动和创意方法的催化，使人们到达创意的高峰体验。在此状态下，人们会变得更加专注和投入，忘掉自己，忘掉世界，只意识到创意本身。

1. 创意引擎的外部要素

创意引擎的外部要素包括：资源、环境、文化和政策，是使创意生长的土壤。具体内容见本书第三章。

2. 创意思维的内部要素

创意引擎的内部要素包括：知识、经验、想象力和态度，是使创意生长的胚乳。具体内容见本书第四章。

3. 方法

创意生成方法是确认关键输入信息后，内外因素的互动方法，是思维方法和创意技法。具体内容见本书第五章、第六章。

创意小点子

苏联卫国战争时期，在一个车站停靠着一列平板列车，上面固定着苏军的几十架螺旋桨飞机，等待机车牵引运走。德军得到这一情报后，便派出一支骑兵部队朝车站奔来，车站上的防卫人员很少，根本就抵挡不了敌人的疯狂攻击。

在这千钧一发的关头，飞行技师科夫里日尼科夫想了一个办法，下令把飞机全部发动起来。奇迹瞬间出现了！这列没有车头牵引的列车，借助飞机螺旋桨所产生的动力迅速离开。当敌人攻下车站时，飞机和火车早已无影无踪。

（三）输出

明确创意输入后，经过创意引擎的运转，输出的成果就是创意。

一般来说，创意生成系统的输出是多于一项的。回到本书对创意的定义：创意是人们在社会活动中产生的具有创新性、可行性和价值性的思维成果。因此，要根据创新性、可行性和价值性对创意生成系统的输出进行筛选和评价，从而选出最合适的成果。

评价过程也是一个意见反馈、帮助完善创意的过程。就像装有半杯水的杯子，有人看到的是"有半杯水，再加一倍就满了"，有人看到的是"剩半杯水，再喝一些就没有了"。对相同的创意，大家的意见也不会完全相同。如此，要征求利益各方的意见，一方面可以提高创意过程的效率，另一方面也可以使创意价值尽可能最大化。

1. 创意评价委员会法

这种创意咨询智囊机构，类似专家委员会或上市公司的战略决策委员会，由具有较高技术水平、丰富的实践经验并具备开拓创新精神的专家组成。他们会根据需要，定期或不定期地对备选创意进行评价。这是比较容易施行，也是集思广益的一种评价方法。

《米哈尔科商业创意全攻略》一书中介绍到一个案例。

美国中央情报局经常采用的创意批判性分析策略就是"案情分析委

会"，委员会由精心选择出的成员所组成。在创意被批准和执行之前，要对它们进行评估与批评。委员会的目的是：

- 终结没有价值的创意
- 尽可能暴露出一个可行创意的所有消极的方面，以便在最后的评估和执行之前完成修正
- 提供反馈意见

委员会要尽可能"刻薄"地评判每个创意，攻击它们的每一个缺点。如果一个创意有很多弱点，那么它就不会被执行。当委员会认为一个创意可行时，他们就会提出各种方法对创意进行修正和改进，以使它能克服所有的弱点。

对创意组织来说，建立自己的创意评价委员会是获得有效创意完善意见的最佳方式之一。征求意见时，可以选择定性或定量的评价方法，也可以两者合一。

（1）定性的评价方法

通常可以从需求、成本、市场、优势、创新性和可行性六个方面进行评价。

（2）需求

- 该创意解决了什么问题？
- 该创意能满足一种现实的需求吗？
- 跟该创意相关的市场还存在未被满足的需求吗？
- 谁会反对这个创意？

（3）成本

- 该创意能降低现有成本吗？
- 该创意实施的成本是否能承受？
- 该创意值得投入生产或者运作吗？
- 该创意实施还需要哪些、多少必需的人力、时间、资金、物力投入？

（4）市场

- 该创意的客户是谁？客户在哪里？
- 跟该创意相关的未被满足的市场需求空间足够大吗？
- 应该怎样定位？
- 应该怎样营销才会让潜在客户更容易接受？
- 市场方面存在哪些可能的障碍或反对意见？
- 它具有天然的产品吸引力吗？
- 它的竞争对手是谁？

（5）优势

- 该创意实施后能获得天然优势吗？
- 该创意实施后能凭借实力建立优势吗？
- 该创意是否具备快速迭代能力？

（6）创新性

- 该创意是前所未有的吗？
- 该创意具备唯一性吗？
- 该创意是独特的吗？
- 该创意比市场上的其他创意好吗？
- 还有其他可供选择的创意吗？

（7）可行性

- 该创意可行吗？
- 该创意可能发生的最好结果是什么？
- 该创意可能发生的最糟结果是什么？
- 有哪些需要突破的限制因素？
- 实施该创意还需要借助哪些资源？
- 实施该创意需要多长时间？
- 哪些因素最可能促进实施该创意？
- 哪些因素最可能阻碍执行该创意？
- 该创意是否能带来足够的利润？
- 该创意能看到立竿见影的收益或者结果吗？
- 该创意可以得到怎样的投资回报？
- 该创意的风险因素可以被接受吗？

（8）定性、定量结合的评价方法

《米哈尔科商业创意全攻略》提供了一种定性定量结合的评分法，由8个问题组成：

①我是否把创意清晰而完整地表述了出来？（0~20分）

②你对这个创意感兴趣吗？（0~20分）

③存在好的市场机会吗？（0~20分）

④时机合适吗？（0~5分）

⑤你认为我有能力执行这个创意吗？（0~10分）

⑥这可以很好地发挥我的个人能力吗？（0~10 分）

⑦我的创意有很好的竞争优势吗？（0~5 分）

⑧我的创意是否独特呢？（0~10 分）

计算总分后，可以根据预先设定的标准评价是否通过该创意。也可以根据最低得分改进创意的薄弱部分。

2. PMI 思维法

PMI 思维法是爱德华·德·波诺博士开发的重要创新工具，是一种对创意、观点或建议进行全面分析的思维方法。其中 P、M、I 分别代表了有利思维视角、不利思维视角和兴趣思维视角。

P（Plus）：优点或有利因素。从 Plus 的角度去发现某种创意、观点或建议的优点或是有利因素。也可以说，你喜欢或赞同这种创意、观点或建议的理由是什么。

M（Minus）：缺点或是不利因素。从 Minus 的角度去发现某种创意、观点或建议的缺点或是不利因素。也可以说，你不喜欢或不赞同这种创意、观点或建议的理由是什么。

I（Interest）：兴趣点，可延伸为"机会点"，或者建设性的观点。也就是说，去发现这种创意、观点或建议让人感兴趣的方面，或者既不是优点也不是缺点的方面。从这个角度看问题，人们会跳出非此即彼的"二分法"进行联想，或许能发现许多机会。

（1）PMI 思维法的应用原则

①不要拒绝一个第一眼看上去不好但实际上很可能有价值的创意、观点或建议。

②不能仅根据当时的直觉做出判断，应根据创意、观点或建议的价值本身做出。

③一个创意、观点或建议不论好坏，它都能引出别的观点，不要轻易否定任何一个观点。

（2）怎样使用 PMI 思考法

PMI 是多角度思考问题的工具，使用这个工具，可以将思考的结果分门别类地装到标着"P""M"和"I"的盒子里。要按照 P－M－I 的顺序来考虑问题——先考虑有利因素，再考察不利因素，最后是兴趣点。

"P"：意味着先专注于考察评价对象的优点，并且记录下你所看到、考虑到的一切。

"M"：专注于发掘评价对象的缺点，同样记录下你看到的、考虑到的所有内容。

"I"：专注于考察兴趣点并做记录。

既不算优点，又不算缺点，可以把它放入"I"盒子里。只要觉得有趣的地方，都可以归入兴趣点。如果既算优点，又算缺点，"P"和"M"两个盒子都可以放上。

（3）经典范例

如果有人提出一个解决上下班高峰期难以坐上公交车问题的方法："把公共汽车上的座位都拆掉。"你对这个建议持什么态度呢？

现在，我们就用PMI思维方法来分析一下这个建议。

思维视角	思维因素	主要观点
有利思维视角	有利因素（P）	①每辆车上可以装更多的人 ②上下车更容易 ③制造和维修公共汽车的价格会更便宜
不利思维视角	不利因素（M）	①如果公共汽车突然刹车，乘客会摔倒 ②老人和残疾人乘车时会遇到很多困难 ②上车携带行李或者小孩会有诸多不便
兴趣思维视角	兴趣点（I）	①可生产两种类型的公共汽车，一种有座位，另一种没有座位 ②同一辆公共汽车可以有更多的用途 ③公共汽车上的舒适度并不重要

通过分析，我们可以从兴趣点出发找到合适的解决方案。在泰国，上班时高峰期开来的公共汽车是无座的，目的是多拉一些乘客，因为此时人们最急迫的需要是按时上班而不是舒适程度，路程近的人更是如此。其他时间的公共汽车是有座位的，以方便老人、妇女和小孩，那些无座的公共汽车这个时段则被当成卡车来使用。

（4）应用示例

自行车是首选绿色出行工具，很多人都在研究如何让自行车具有更多功能。位于曼谷的 Lightfog 创意设计公司计划将自行车打造成一台能在骑行过程中净化空气的机器，设计了概念自行车 air – purifier bike（产品名），获得了"红点设计大奖"。

这款自行车有时尚酷炫的外观，宽大的手把位置可最大限度地吸收空气，并通过过滤器将空气净化；它的铝制车架会采用"光合作用系统"，通过水与由锂离子电池产生的电力相互作用以产生氧气，为骑车人提供更健康的空气。

这款自行车主要由电池、电动机、空气过滤装置和光合作用系统组成。如下图所示。

运用 PMI 思维法进行分析。

思维视角	思维因素	主要观点
有利思维视角	有利因素（P）	①环境友好的交通工具 ②能缓解城市交通拥挤 ③能缓解空气污染，给骑行人提供更健康的空气
不利思维视角	不利因素（M）	①过滤器和电池的更换频率可能很高 ②会产生副产品（如糖类） ③需要电力 ④体积大，过于笨重 ⑤价格高
兴趣思维视角	兴趣点（I）	①设计为电动自行车 ②利用太阳能充电 ③减少雾霾伤害，健康更重要 ④利用新材料，减小体积，增大过滤空间

在雾霾日益严重的今天，与不利因素相比，健康更重要。还可以利用太阳能解决电力问题，自行车也可以设计为电动自行车。

3. C – Box 法

C – Box 是荷兰代尔夫特理工大学工业设计工程学院开发出来的一种汇总、评估创意的评估矩阵，它按照"创新性"程度和"可行性"程度两个维度将所有被评估的创意分布在平面坐标图中。

C – Box 适合在头脑风暴和发散思维后对大量创意进行简单、直接且有效地分析、评价和筛选，最后众多创意分布在坐标系的四个象限中，可以根据约束条件选择合适的创意进入下一阶段工作。

应用流程

①构建创新性—可行性坐标系

以可行性为 X 轴，创新性为 Y 轴，画出坐标图，形成四个象限。

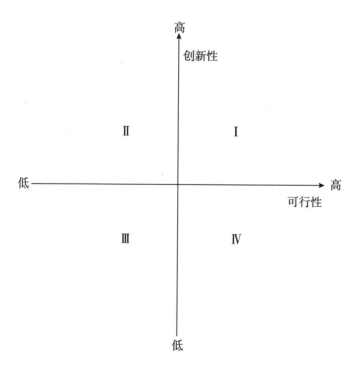

象限Ⅰ：具有创新性和可行性。

象限Ⅱ：具有创新性，缺乏可行性。

象限Ⅲ：缺乏创新性和可行性。

象限Ⅳ：缺乏创新性，具有可行性。

②将创意名称或编号根据其创新性和可行性，标出其对应的位置。

如下图所示。

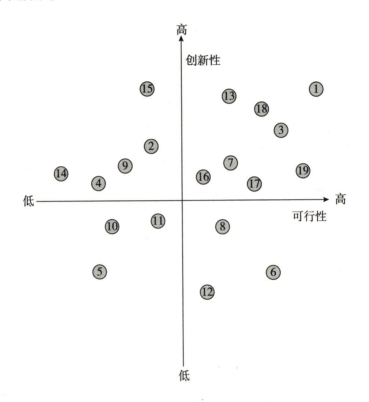

③根据创意目标和约束条件选定最符合要求的创意。一般来说，是在第一象限选择。

通过 C－Box 工具，就可以选出最符合要求的创意，同时可以放弃第三象限那些缺乏创新性和可行性的想法。

 创意小点子

1895 年，40 岁的吉列在一家公司做产品推销员，职业的需要使他十分注意仪表的修饰。一天早上，当吉列刮胡子的时候，由于刀磨得不好，不仅刮起来很费劲，还在脸上划了几道口子。

吉列盯着刮胡刀，突然产生了创造一种新型剃须刀的灵感，于是他辞去了推销员的职务，专心研制起新型剃须刀来。

吉列认为，剃须刀必须安全保险、使用方便、刀片随时可换。可是由于受传统习惯的束缚，发明出来的几种剃须刀总是摆脱不了老式长把剃刀的局限，尽管他一次又一次地改进设计，结果却不能令他满意。

一天，吉列站在一片刚收割完的田地边，一个农民正在用耙子修整田地。吉列看到农民轻松自如地挥动着耙子，一个崭新的思路出现了——新剃须刀的基本构造应该同这个耙子一样，简单、方便。就这样，吉列苦苦钻研 18 年后，终于成功了。

1903 年，吉列创建了吉列保安剃须刀公司，开始批量生产新发明的剃须刀片和刀架。8 年之后，吉列保安剃须刀不仅打开了市场，还把销量扩展到了整个美国市场。

第一次世界大战爆发后，吉列抓住机会，以成本价格把大批剃须刀卖给了美国政府，美国政府则以士兵应保持军容的整洁为由，给每个士兵发放了一支保安剃须刀。就这样，赴欧洲战场作战的美国士兵把剃须刀的影响扩展到了欧洲和世界其他地方。1917 年，吉列剃须刀一共销售了 13 亿支刀片，是吉列公司初创那一年（1903 年）销量的近 80 万倍。

为了保护自己的优势地位，吉列公司坚持产品创意，1959 年推出了新产品——超级蓝色刀片——蓝色吉列，深受消费者的欢迎，连续创下了吉列历史上的销售新纪录。到 1968 年，吉列公司创下了销售保安剃须刀片 1110 亿支的纪录。

小测试

世界顶级创意能力测试

本套测试是由 ICOGRADA（国际平面设计协会联合会）从来自全球奥美、智威汤逊、BBDO（公司名）、Bozell（公司名）、李奥·贝纳、DDB（公司名）、TBWA（公司名）等世界顶级广告公司的数百件最佳广告创意海报和文案中精心评选并设计的最佳创意能力测试题，分为 5 个能力等级，满分 100分。每年推荐给世界顶级 4A 广告公司用来测试设计师的创意能力，堪称世界顶级的创意能力测试。发挥你的想象力和头脑，体验一下创意的神奇魅力吧！

1. 下图的广告文案就是一首乐曲《The Flight of the Bumblebee》（野蜂飞舞），音乐描写了这样一个场景：王子变成了一只野蜂，不停地飞舞，追叮他所厌恶的人。你能猜出这是什么产品的宣传海报吗？（　　）

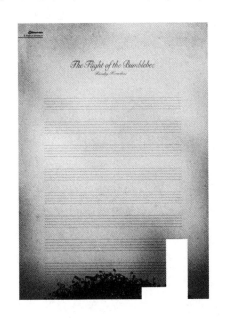

A. 杀虫剂

B. 蜂蜜

C. 除草剂

D. 吹风机

2. 下面的海报你觉得更适合什么广告？（　　）

A. 汽车

B. 教育

C. 健康

D. 保险

3. 下图是 Lotus（品牌名）曲奇和咖啡的宣传海报，你觉得这幅海报要传达的理念是什么？（　　）

A. Lotus 曲奇和咖啡，永远在一起。

B. 带曲奇味的 Lotus 咖啡！

C. Lotus 曲奇，咖啡伴侣！

D. 一个都不能少！

4. 下图是 Diamond（品牌名）咖啡的宣传海报（校车司机篇），你觉得哪句话最适合表达该广告的主题？（　　）

A. 所有人都需要你保持清醒！

B. 大海航行全靠你！靠你！靠你！靠你！

C. 时刻不要忘了你肩上的重托！

D. 现在是喝一杯 Diamond 咖啡的时候了！

5. 下图是 Mojari 手工制鞋的宣传海报，你觉得哪句话更适合该创意所表达的主题？（　　）

A. 丝般柔滑

B. 爱不释手

C. 手足并用

D. 十指连心

6. 下图是三星 WB700 相机的宣传海报，你觉得该创意想突出该相机的什么特点？（　　）

A. 高像素

B. 超广角

C. 自动对焦

D. 超小巧

7. 你觉得下面的图片是什么产品的宣传海报？（　　）

A. T 恤

B. 牛仔裤

C. 脱毛器

D. 健身器材

8. 下图是 Novo Jornal（品牌名）的海报，你觉得哪句话更适合作为该海报的主题文案？（　　）

A. 你所不知道的真相！

B. 知道这个故事的双方！

C. 真相不止一个！

D. 后来发生了什么？

9. 下图是 Michael Hill 公司的宣传海报，图中文字的意思是：Michael Hill 给特别的时刻。你能猜出该公司属于哪个行业吗？（　　）

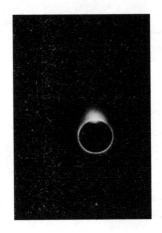

A. 新闻媒体

B. 旅游行业

C. 珠宝行业

D. 数码产品

10. 下图是杜蕾斯安全套的宣传海报，如果为它配上醒目的文字，你会选择哪句？（　　）

A. 释放你的能量!

B. 前所未有的力量!

C. 床头柜撕裂者!

D. 快乐的力量!

11. 下图是某公司的宣传海报,你能猜出来是什么广告吗?(　　)

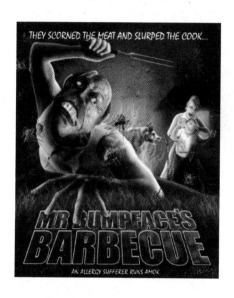

A. 恐怖片

B. 驱蚊剂

C. 畅销书

D. 保健品

12. 你能猜出下图是什么产品的海报吗?(　　)

A. 鼻毛修剪器

B. 健康杂志

C. 电信公司

D. 电力公司

13. 下图是某公司某产品的宣传海报，你知道是什么产品吗？（　　）

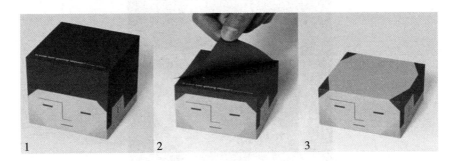

A. 生发水

B. 便签纸

C. 文件柜

D. 保险箱

14. 下图海报中的宣传文案是：少女的情怀总是诗！这是什么产品的广告呢？（　　）

A. 度假村

B. 安全套

C. 火腿肠

D. 夜总会

15. 你知道下图是什么产品的宣传海报吗？（　　）

A. 床垫

B. 防盗窗

C. 电影海报

D. 药品

16. 下图海报的文案是：有它，让你放纵激情！你知道这是什么产品的广告吗？（　　）

A. 减肥

B. 女性

C. 内衣

D. 相机

17. 下面的海报的宣传文案是：一个人的偏见——真的去 Shopping（购物）时有哪个女人会嫌这些购物袋多呢？你觉得这应该是什么广告？（   ）

A. 时尚品牌

B. 购物中心

C. 流行杂志

D. 电视频道

18. 下图海报中的文字：Before they get used to living with you（在它们习惯跟你一起生活之前）。你觉得它是什么产品的广告？（   ）

A. 家具用品

B. 健康用品

C. 宠物用品

D. 杀虫剂

19. 这幅海报充分表现了读书的重要性：阅读赢得爱情，阅读获得成功，阅读成就食神，你觉得它适合什么广告？（   ）

A. 书店

B. 图书馆

C. 电子阅读器

D. 出版社

20. 下图是澳大利亚道路安全办公室推出的宣传海报，要传达的理念是什么？（   ）

A. 酒精能够削弱你的判断力！

B. 开车之前请处理好一切！

C. 心急是要付出代价的！

D. 公共设施绝不能偷工减料！

第三章

营造适合创意生长的
外部环境

创意运行是主体意识的创造性展开，在这一过程中不仅会受到智力因素和非智力因素的制约，就连政治制度、经济模式、传统文化或生活条件以及人际关系等外部环境因素也会直接影响创意思维的数量和质量。

外部环境是创意生长的土壤，任何新思想、新方法的出现都离不开外部环境，因此要想促成创意的生长，就要创造适合的外部环境。资源、环境、文化和政策是对创新和创意影响最大的外部要素，它们构成了创意生成的外部环境。

创意所需的外部环境

创意，是由建议与策略相结合而产生的有价值的创造性意念，是一种"干什么""怎么干"的全新的战术性思路。例如，"借用某学院的科技力量、某公司的资金、某工厂的加工能力，一起通过股份制的形式，合作开发一种机电一体化的电脑控制的功能最先进的电冰箱"，这就是一个由"开发升级换代的新型电冰箱"的建议，与"机电一体化的技术方法""借用外力优势互补的方法""用股份制实行规范化合作的方法"等策略构成的有价值创意。

——清华大学 EMBA 总裁培训特聘教授　秦骏伦

2012 年《哈佛商业评论》对《创造空间》的作者、斯坦福大学设计学院斯科特·多利和斯科特·维赫弗特进行了采访，他们说："我们都想拥有一定的空间以最低的代价和最快的速度实现自己的想法，并能自己自由地抉择是否要抛弃某些想法。"他们认为，空间的形势、功能和视觉表现经常会有意或无意地反映出空间中人的文化背景、行为和特点。要想使创意在个人和团队间激荡开来，就要重视创意环境的设计，使团队成员积极地参与到创造性的设计过程中。

任何创意的出现，都需要一定的环境！离开了具体的环境，创新也就成了无源之水！

研究教育系统创新的教育家伊万·麦金托什在马特洛克的研究成果《Six Spaces of social media》（社交媒体的 6 个空间）基础上，在其论文《虚实结合：学校建筑如何影响未来的实践和技术应用》中提出了"7 spaces for learning"（学习的 7 个空间），非常适合创意生长。

（一）私人空间

私人空间一般是指每个人，不被任何人了解、知道的，希望不被别人打扰的属于自己的空间。一般来说，人们会把房间、日记、自己的内心某一个角落称为"私人空间"。

比如，接打私人电话的时候，人们都喜欢找一个安静、人少的地方；为了安心玩自己的玩具，有些孩子会独自躲在自己的房间里；很多时候，为了找到新思路，我们需要静一静……这时候，需要的就是私人空间。手机短信、即时通信工具、私人邮件都属于私人空间的范畴。

（二）集体空间

所谓集体空间是指，能界定个人身份和位置，成员彼此合作、协调共享，关系亲密的群组空间。在这样的空间里，更有利于解决共同的问题或完成工作任务。集体空间可以是正式组织，也可以是非正式组织。

重视集体空间的企业会在公司内部建立多种沟通交流机制，如兴趣工作小组、项目攻关小组、定期活动等。还会发起非正式的交流活动，如周末聚餐、小范围体育活动等。这样就会加深成员之间的感情，形成一个凝聚力较强的集体。

例如，一个乐队、足球俱乐部、班级、网络社区等都是集体空间。

（三）自我表达空间

自我表现是社会行为的普遍特征。所谓自我表达空间指的是，通过一定的媒介告诉他人关于自我的状态信息。这样的自我表达空间既可以是真实的，也可以是虚拟的。

真实的自我表达空间可以是属于自己的办公场地，也体现在办公风格、文件信息、桌上摆设等。同样的，家是更大、更自我的自我表达空间，装饰、服饰、家具、照片等都会表达出"自我"信息。

现在，虚拟的自我表达空间有很多，比如论坛、微博、微信等，都是能同时表达潜在意识的空间。

对创意人来说，更需要充分的自我表达空间。

（四）表演空间

所谓表演空间指的是，能充分展示自己的音乐、舞蹈、绘画等艺术才能和专业能力的地方。表演空间可以根据需要随时随地地搭建，比如，在教室里，简单布置一下就可以成为一个学术讲堂；在操场上，可以搭建一个舞台；给客户提案前，内部可以进行演讲模拟。

例子：当值主席、内部导师等。

（五）参与空间

所谓参与空间指的是，协调个体行为来实现一个共同目标的场所，是每个人都能参与集体活动的地方。构建对每个团队成员开放的、都能参与其中的、承担责任的参与空间，不仅有利于提高团队的凝聚力，还有利于团队创造力的发挥。

例子：人人都是主角的聚会、轮流主持小组会议等。

（六）资料空间

所谓资料空间指的是，可以用来获取有用信息的地方，分为：实体资料空间和虚拟资料空间。

1. 实体资料空间

实体资料空间，指切实存在的物理空间，是信息技术出现前人们唯一的资料空间形式。比如：以纸质方式存在的图书馆、档案馆和资料库。

2. 虚拟资料空间

随着数字存储技术和互联网的出现，虚拟资料空间出现了，而且快速超过了实体资料空间的容量。资料显示，现在每人每天会接收超过174份报纸所含有的信息量。世界上的图书馆、电脑、DVD（数字多功能光盘）和报纸所存储的数据已高达了295万亿兆字节。如果将之烧制成光碟，所有的摞起来的高度足以连接地球与月球。

根据2014年7月发布的《中国互联网络发展状况统计报告》，2014年上半年，中国网民的人均周上网时长达25.9小时，相比2013年下半年增加了0.9小时。除了传统的消费、娱乐以外，移动金融、移动医疗等新兴领域移动应用多方向满足了用户的上网需求外，还进一步推动了网民生活的"网络化"。

因此，虚拟的互联网资料空间将成为人们主要的资料来源。

（七）旁观者空间

所谓旁观者空间指的是，置身局外，只做被动的观察者和倾听者。对于一些长期从事某项工作的人来说，有时会对自己的参与者角色感到无趣甚至懈怠，需要暂时从熟悉的场景走出来，做个旁观者或旁听者，更多地注意别人的表现，从而激发出灵感。这也就是《旧唐书·元行冲传》所说："当局称迷，傍观见审。"

例子：电视、电影、体育、戏剧、培训等。

 创意小点子

20世纪30年代，在美国佛罗里达州一个冬天的早晨，人们看到了一个奇怪的现象：天空没有降一片雪花，可是在一片橘林的树枝树叶上却厚厚地铺了一层白雪。

白雪是怎么来的呢？原来，橘园采用了喷灌技术，前一个工人在收工时，忘记关闭喷管了。正赶上夜里来了一场寒流，喷出的水雾在空中便凝结成了雪，落在了树上。人们互相传递着这条消息，很快康涅狄格州的一个滑雪场就得知了这一消息。

当时的滑雪场正好遇到了一个难题——降雪不足，管理人员听到这件事情之后，受此启发，认为：只要喷出的水滴足够细小就有可能造出质量较好的雪来。为了做到这一点，他们让高压水到达喷口之前先经过一个混合室，水先在室中与压缩空气混合，然后从喷嘴的一个小孔中喷出。这里，膨胀的压缩空气不仅会把水珠击得粉碎，还会把水花带到20多米的空中，在冷风中化为白雪。

事实证明，他们的发明十分成功，后来在美国各地便陆续出现了数百家人工降雪滑雪场。

资源

美国史丹福大学经济学教授克鲁曼曾经指出，国家永续成长之道，在于将经济成长动力由"血汗"堆砌，转变成由"创意"驱动。所谓"血汗"，系指经济成长主要来自于生产要素的累积，如高投资率、人力投入的不断增加，以及农业部门劳力大幅移向工商业，此为一般开发中国家的发展凭借。所谓"创意"，则指技术的不断创新，工业先进国家则属此一类型。克鲁曼断言，"血汗"型的经济成长有其极限，一旦投入要素耗尽，经济成长势必趋缓，唯有仰赖源源不绝的"创意"，经济成长才可长可久。

——戴久永

所谓资源指的是，创意人所处环境里一切可以利用的物力、财力、人力等各种物质要素的总称。比如：阳光、空气、水、土地、森林、草原、动物、矿藏等自然资源，个人、专家、公司、数据库、知识库、案例库、信息、资金、设备等社会资源。凡是能够给创意人提供直接帮助的一切外部要素都是创意引擎所需的资源。如果把创意生成比作产品生产，资源就相当于生产过程所需的水、电资源。

3M公司产品繁多、创新层出不穷，其拥有的46个核心科技构筑的3M创新科技平台就是其最大的创意资源。

　　人类在这个地球上的一切活动都会与特定的资源发生直接或间接的联系，离开了资源，人类的生存和发展无从谈起。对于人类来说，有限的资源是重要的，也是稀缺的。根据哈佛大学教授森德希·穆来纳森的研究，在长期资源（钱、时间、有效信息）匮乏的状态下，人们就会对这些稀缺资源极度重视和追逐，人们的注意力会被这些渴求获得的资源垄断，以至于忽视了更重要更有价值的因素，造成心理的焦虑和资源管理的困难。也就是说，当一个人特别穷、特别缺少资源或特别没时间的时候，他的智力和判断力都会全面下降，导致进一步失败。这就是长期的资源稀缺养成的"稀缺头脑模式"：失去决策所需的心力——穆来纳森教授称之为"带宽"（bandwidth）。

　　一个穷人，为了满足生活所需，不得不精打细算，没有任何"带宽"来考虑发展和突破事宜。同样，一个缺乏创意资源的人，为了完成工作，不得不被一些琐事或看上去最紧急的任务拖累，而没有"带宽"去发挥想象力和做系统思考。

　　对创意资源而言，一方面要建立创意优势资源库，另一方面要高效利用优势资源库。

（一）建立创意优势资源库

　　建立创意优势资源库是指，发现、挖掘、筛选和整合内外部的优势创意资源，形成多学科、跨行业、多检索维度、多交流方式的资源库。例如：创意网站库、创意书籍库、行业专家库、创意社群库、创意项目库、基础数据库等，各库还可以按行业、类别做第二级划分。这是一个持续的多看、多记、多消化的过程，也是一个动态的优化过程。

（二）高效利用资源库

　　建立创意优势资源库的目的在于利用，识别清楚"输入"因素后，可以根据主题和创意方向对资源库进行检索；然后，再进行分组分析，排序筛除噪点，筛选出关联度高的、最新的、高关注的和行业距离远的资源。

　　如今，我们处于一个信息过载的社会，但"有效信息"匮乏。我们的头脑也处于有效信息稀缺的时代，需要建立辅助性信息筛选机制，帮助我们挑选出重要信息，高效利用创意资源库。

📎 创意小点子

在一些高档饭店就餐时，每位客人都会得到一条餐巾，可是很多时候，餐巾披在胸前不能长时间卡住，放在腿上又会不知不觉掉在地上，起不到保衣护服的作用，因此很多人只好将餐巾放在桌子上，用餐具压住；有些人索性不用餐巾，放在屁股下垫座。

看到这种情况，青岛东来顺餐厅特意在每块餐巾的一个角上挖了个锁边的长孔，夏天可以别在 T 恤或衬衫的扣子上，冬天可以别在外衣的扣子上；而且，不同的季节，扣眼的大小也是不同的，非常实用，方便了食客。

环境

如若说，在创新尚属于人类个体或群体中的个别杰出表现时，人们循规蹈矩的生存姿态尚可为时代所容，那么，在创新将成为人类赖以进行生存竞争的不可或缺的素质时，依然采用一种循规蹈矩的生存姿态，则无异于一种自我溃败。

——金马《21 世纪罗曼司》

这里的"环境"指的是，人们所处的工作或生活场所，属于物理环境的范畴，如同生产车间的厂房。

室内环境通常包括：室内硬件设施、室内热环境、室内光环境、室内声环境及室内空气质量等。根据莫拉比安 - 罗素模型（Mehrabian - Russell Model，简称为 M - R 模式，是提供环境刺激、情绪状态和人类行为间的可能连接关系的一种简要描绘方式，见下图），感受是驱动人们对环境产生反应的要素，可以产生愉快、激发和支配三种情绪状态，典型的结果变量是对环境的"趋"与"避"，还可以加上其他可能的结果。

室内环境对人的影响分为：直接影响和间接影响。

直接影响是指，环境对人体健康与舒适的直接作用，如室内良好的照明，特别是利用自然光可以促进人们的健康，维持良好的身体状态；人们喜欢的室内布局和色彩可以缓解由于工作和生活压力所产生的紧张情绪，思想活络，激发创意；室内适宜的温、湿度和清新的空气能提高人们的工作效率，保持较高的工作水平等。

间接影响是指，环境之外的间接因素促使环境对人产生的积极或消极作用，如情绪稳定时适宜的环境使人精神振奋，萎靡不振时不适宜的环境使人更加消沉颓丧等。很多人都有过这样的直观感受：在把脏车洗干净后，感觉驾驶起来更轻松。由此可见提高室内环境品质，可以从生理和心理两方面使人保持良好状态。

如同让人感觉良好的产品更易使用并引起更期望的结果一样，在审美上令人感觉快乐的环境能使人更好地工作，而在愉悦心境下工作的人们会更富创造性。因此，创造适合创意生成的物理环境异常重要。

第一，室内空间要具有宜人的物理环境，使人从生理上感到舒适、放松和自由；

第二，室内空间的功能性，除要具备完善的办公、思考、休憩的功能设施外，还要有让人产生冥想、脑洞大开的奇思妙想空间；

第三，空间环境的文化性，要体现鼓励创意的文化特色，使人对空间产生认同感，继而融入其中成为创意的一部分。

在影院里，一般都要装配一种"惊慌应急装置"：门必须向外开。无论什么时候，门受力后都能打开。否则在突发火灾等灾难性情况下，高度焦虑、高度负面情感的人们会本能地把注意力集中在逃跑上。到门口时，他们就推门。当推不开时，很自然的反应就是更用力地推，结果很多的人被挤死、烧死。高度焦虑、高度聚焦的人们很难想到拉门，即使前面的人能想到，后面使劲挤过来的人流也吞噬了拉开门的空间。其实，物理环境也需要提供"创意应急装置"。在创意进入僵局或遇到障碍时，产生的焦虑会导致"视角狭小"，人们会因注意力过度集中而忽略了创意引擎的其他要素。

创意应急装置可以分散人们过度集中的注意力，让人放松下来，可以是倒霉熊、猫和老鼠等卡通影院；也可以是小人游戏、桌游，甚至儿童乐园等参与性活动；还可以是模拟海滩、溪流的富含负氧离子的休憩空间。目的只有一个，让高度集中、高度焦虑的人们轻易地推开一扇"海阔天空"的门，回到正确的路径上来。

（一）格子间对创意的制约

罗伯特·普罗普斯特对人们的工作习惯研究了多年，誓言要改进 20 世纪流行的大开间办公环境：办公室职员就像工厂的工人一样，在敞开的空间里无遮无掩，在老板扫射的目光之下无所遁形。于是他设计了自称的"行动办公室"，他也因此被称为"办公室格子间之父"。

普罗普斯特的工作间组合是非常灵活的，可以随意改变和移动。他的行动办公室并不是为了把员工塞进小的空间里去，可是在实际操作过程中，它逐渐被压缩，最后变成了一个格子间。格子间因此成了反乌托邦的所在，1998 年出版的设计书《未来的工作场所》称格子间为"光明撒旦办公室"。

普罗普斯特在他去世前两年（即 1998 年）曾说："有很多公司都是一些粗鲁的人在经营。他们只是弄一些又小又窄的格子间，然后把人往里面塞。都是些像老鼠窝一样简陋的地方。"在人生的暮年，普罗普斯特一直在为自己设想的乌托邦致歉。

格子间保证了员工的"私人空间"，但远离了"集体空间""参与空间"和"旁观者空间"，抑制了创意的良性生成。

现在请抬起头，向四周望望，你身边很可能就是一个典型的格子间，可以想象得出：坐在其中的员工如同笼中鸟，身体被制约，会影响心理的活跃性，进而抑制了思维的扩展。

（二）谷歌等史上最具创意的那些办公室

谷歌是改善创意工作环境、营造人性化企业氛围的代表。

谷歌的总部"Googleplex"位于加州的 Mountain View（山景城名），内部不仅设有美容院、高尔夫球场、游乐园、游泳池等，员工还能带着自己的宠物狗来上班；在休息时玩玩桌球；在上班时间，员工可以随时到食堂免费就餐，食品种类也丰富多样。午餐后可以躺在舒适的沙发上睡个没人打扰的午觉；或者和同事跳进游泳池畅游……

除了谷歌外，富有创意的办公室还有很多，比如，匹兹堡发明基地。

匹兹堡发明基地设计公司配备了世界上最特别的办公室。在这 70000 平方英尺的神奇之地上，有树上小屋办公场所、鞋形办公室、水帘洞办公室和城堡里的办公室等不同主题的工作空间，荡漾着想象力的浪花，激发着思维的创造力。

将这些办公室与上面的格子间相比，你可以清晰地听到你内心的选择。

（三）根据感官愉悦来调适环境

如果一项事物给你印象深刻，一定是这项事物至少让你获得了视觉、听觉、嗅觉、触觉和味觉中的一种感受，而且是愉悦的感受。不论是产品还是环境，天生都能愉悦人们的感官。公司越能关注、突出和创造工作环境带来的感官享受，环境对员工就越有吸引他们向公司想要的方向前进的力量。

对创意所需的工作环境，涉及视觉、听觉、嗅觉和触觉，如能创造两种以上的愉悦感官体验，就能为员工带来全新的感官愉悦，进而极大提升创意能力。

1. 触觉

触觉是人体连接外界的工具。亚里士多德认为：触觉可以调动所有的感官认知，甚至连视觉也不例外。触觉在文艺复兴时期发挥了巨大作用。

在壁画《创造亚当》中，米开朗琪罗绘制的上帝将手伸向亚当的手，以此来传递生命福祉。这幅壁画表明：触觉不仅是人类生存必须具备的感受，也是一个人完善其身不可或缺的感受。

触觉系统特别擅长通过质地、温度、硬度和重量等信息来分辨物体的属性，人们据此获得感受。工作环境只有吸引员工主动接触，才能让员工获得触觉属性。就像美国著名脱口秀主持人奥普拉·温弗瑞曾说：每一种喜悦都有各自的触感。

皮肤是人体中面积最大的器官，我们对外界的冷热、压力、距离和疼痛都能做出即时反应。如果触觉不灵敏，很可能在无意识中无法避免危险。按摩是一种触摸治疗法，能缓解肌肉紧张，促进血液循环。

触觉体验在很多产品销售现场被应用。化妆品专柜前，促销员会抹少量产品在潜在顾客手臂上；服装店里，顾客会先伸手摸摸看中的衣服；床垫专卖店里，销售员会热情地邀请你躺在床垫上试试……

为什么我们不能在工作环境里考虑带给员工愉悦的触觉感受呢？

2. 嗅觉

嗅觉是一种远感，是通过长距离感受化学刺激的感觉。

嗅觉是最原始的，是唯一一个人类无法关闭的感官。很多动物都是依靠气味来识别环境的，我们的祖先最初也是依靠嗅觉开发食物、寻找伙伴、发现敌人的。当闻到某种气味时，气味分子就会激活鼻腔内的"嗅觉接收器"，形成"气味图像"，通过神经网络处理，迅速将气味传达给大脑边缘系统，形成嗅觉——该系统控制着我们的情绪、精神和记忆。同时，我们的气味感受也即"心里的感觉"会在瞬间产生。

美国佐治亚州立大学的营销学教授潘姆·艾伦曾说："对于所有其他的感觉，我们的大脑都是'先思考再反应'，唯独嗅觉会让大脑'先反应再思考'。"

环境气味的使用是最近几年气味营销应用最多的领域，成了环境空气的构成要素，散发在酒店、饭店、KTV、汽车4S店里，可以创造积极情绪。这种积极情绪会转化为良好的产品或环境体验，最终提升销售收入。因此，有些具有前瞻性的公司都在努力用独特的气味组合创造出一种能代表公司的"气味签名"，以此作为产品的差异性。

马丁·林斯特龙在其著作《买》中举到这几个例子：

三星把纽约城的电子产品旗舰店弄成了蜜瓜味，这种气味可以让消费者放松，把他们的大脑"放逐在无边无际的大海中"——这样他们就不会那么计较价格了；

英国的服装商托马斯·品克以"气味营销"而著称，他在英国的所有店铺都充斥着清新的洗衣店的味道；

英国航空公司给空气混浊的商务候机室注入了蓝草味，给人们营造了一种在户外的感觉，而不是在令人窒息的机场。这都是嗅觉的力量。

气味创造方面的专家指出，公司应当根据目标市场的期望来决定公司的气味。例如，可以在办公室里不定期地散发海水、森林、草地、荷塘的气味，人们的"心里的感觉"就会愉悦很多。现在，绝大部分公司的工作环境都是以不臭为准则，为什么我们不能在工作环境里考虑带给员工愉悦的嗅觉感受呢？

3. 听觉

听觉是声波作用于听觉器官，使其感受细胞兴奋并引起听神经的冲动、传入信息，经各级听觉中枢分析后引起的感觉。从早上的闹钟开始，喇叭声、电话铃声、同事声音、音乐声……各种声音充斥耳畔，有多少声音能影响我们呢？无法计算！

声音感染主要有三个作用：调节情绪、引起注意力和创造非正式的气氛。据 2006 年的一份研究报告，在伦敦地铁开始用扬声器播放古典音乐之后，抢劫案件减少了 33%，袭击员工的事件减少了 25%，对车厢和车站的破坏行为减少了 37%。

餐厅是最早利用声音来影响销售的行业之一，在很多餐厅都能听到背景音乐。研究表明，播放背景音乐的公司被认为是更关心顾客的。背景音乐增强了顾客对餐厅气氛的感受，反过来又影响顾客的情绪；同时，音乐还会影响顾客逗留在店中的时间和花费。

这里有一张表格，显示了在饭店中背景音乐对消费者和服务提供者行为的影响。

快节奏和慢节奏环境的不同

餐厅顾客行为	快节奏音乐环境	慢节奏音乐环境	绝对差异	百分比差异
顾客花在餐桌上的时间	45 分钟	56 分钟	+11 分钟	+24%
食物的花费	$55.12	$55.81	+ $0.69	+1%
饮料的花费	$21.62	$30.47	+ $8.85	+41%
总花费金额	$77.74	$87.28	+ $9.54	+12%
估计总收益	$48.62	$55.82	+ $7.20	+15%

来源：Ronald E. Milliman（1982），"Using Background Music to Affect the Behavior of Supermarket Shoppers," *Journal Of Marketing*, 56（3）：pp. 86 – 91

声音不仅能影响人的情绪和行为，还能刺激植物、动物的生长。福建新闻网 2014 年 9 月曾报道《福建某村 400 亩水稻听感恩歌、大悲咒后增产 15%》的新闻，说明充分利用听觉来调适环境是可行的。

现在部分公司安装了广播系统，但更多承担的是通告功能。为什么我们不能在工作环境里考虑带给员工愉悦的听觉感受呢？

4. 视觉

光作用于视觉器官，使其感受细胞兴奋，信息经视觉神经系统加工后，便会产生视觉。视觉信号对感觉、知觉、情感、记忆、认知和行为等人的多种反应都有影响。

视觉向人们所传达的信息比其他感官都要多得多，因此，它是创造环境氛围时可利用的最重要手段。能感染人们的主要视觉刺激是：尺寸大小、形状和颜色。人们一般是通过由和谐、对比和冲突所组成的视觉关系来解释视觉刺激的。

（1）尺寸感受

公司的设施、场地的实际尺寸大小会传递出不同的意义。尺寸感染对于不同的人群是不同的，这取决于公司核心团队的需要。

（2）形状感受

对环境的形状感受是由不同的来源建立起来的，例如，办公桌、沙发、书架、灯具和窗户的使用和布置等。研究表明，不同的形状会刺激人们不同的情绪反应。例如，垂直的形状或线条给人以力量和稳定，坚硬、严肃、能带来阳刚气质的感受，会使这块区域看起来更高，给人以这个方向的空间增大了的幻觉；水平的形状或线条会带来放松和宁静的感受；斜的形状和线条会产生进取、主动和运动的感受；曲线的形状和线条会给人以柔和和流畅的感受。

（3）色彩感受

环境的颜色经常会给人留下第一印象，对个人的心理影响来源于色彩、色度和亮度。所谓色彩指的是实际的颜色种类，如红色、白色或蓝色，分为暖色调和冷色调；色度是定义颜色的淡与浓的程度；亮度则是指色调的明亮和阴暗。

一般来说，暖色调会唤起人们舒服和非正式的感觉。例如，红色通常会唤起爱情和浪漫的感觉，黄色会唤起阳光和温暖的感觉，橙色会唤起直率和友好的感觉。

暖色调能够鼓励员工为企业全力工作。人们对冷色调的感受是孤单、宁静和正式的。例如，使用太多的紫色会抑制人们的情绪，并使不得不在紫色的环境中连续工作的员工感到压抑。尽管两种色调有不同的心理效果，但当把它们适当地组合在一起使用时，暖色调和冷色调又能创造出既放松又刺激的气氛。此外，色度和亮度都会对人们的心理造成影响。这也是创意所需的！

为什么我们不能在工作环境里考虑带给员工愉悦的视觉感受呢？

创意小点子

工厂在加工机械的时候，经常会留下大量的铁屑。在很长一段时间里，这些铁屑还受到了炼钢厂的拒绝。因为铁屑质量太轻微，只要投入炼钢高炉再熔炼，立刻就会飞扬开来。因此，工厂铁屑成灾。

韩国有家金属公司发现，日本的精密化工行业的还原剂、制药、建筑等行业都需要使用铁屑做原料，便组织人员到机械厂收集这些成灾的“废物”。机械厂的老板看到有人来帮自己解决问题十分高兴，便免费相送。金属公司把这些铁屑出口到日本去，每年可以赢得上百万美元的利润。

文化

在谷歌给出的五张牌中，第一是好的品牌、用户认可度比较好；第二是非常好的文化和价值观，是自己非常认可而且对员工非常有吸引力；第三是非常好的人才制度，谷歌对人才有非常高的要求，并且放权让员工做自己的事情；第四是公司有一个创新的制度，并按照互联网的方式来创新；第五则是公司对自己的信任，李开复称公司上层对自己非常信任，就像他们对工程师很放心发明自己的技术一样。

——创新工场董事长兼首席执行官　李开复

这里的文化不同于《辞海》中“文化是人类在社会历史发展过程中所创

造的物质财富和精神财富的总和"的定义，是指"人们普遍自觉的观念与方式"（曹世潮，2000年）。文化是人的文化，只有在人们心中的观念和方式才是文化，间接的、不在人们内心之中的观念和方式就不是文化。

文化是普遍的，意味着文化是一个组织大多数人认同的，是主流的。其普遍性需要从人们的生活状态、工作状态中去发现，从衣、食、住、行以及日常习惯等方面去发现。例如，人们一般都对春节、圣诞节等传统节日非常重视，几乎人人参与，乐在其中，这就是文化普遍性的典型表现。对于一家成功的富有创意的公司，大部分员工都会表现出对新事物、新点子的渴望和兴奋。

文化是自觉的，是在日常生活方式、工作方式、休闲方式、社交方式、思维方式等方面潜移默化自然而然表现出来的。例如，中国人见面的寒暄，几乎每个人天生都会；香港人乘扶手电梯，都会自觉地向右站，空出左边给需要赶时间的人通行；英国的绅士在日常生活中对女士的态度，都会自觉地彬彬有礼。

早些年在房地产行业有一个广为流传的故事。

一位深圳万科高层参观龙湖样板房，脱下皮鞋换上拖鞋进屋。当他看完出门再穿自己的皮鞋时，发现自己的皮鞋换了方向：之前鞋尖是朝向房间里的，现在鞋尖和其他人的鞋都是向外的。一定有人动了皮鞋！这让万科高层很震惊！觉得龙湖企业非常可怕。由此可见，当文化成为一个组织在细节方面的自觉行为时，是很可怕的。

文化是观念和方式，观念包括了从意念、概念、信念的"念"到人生观、价值观、世界观的"观"，再到由"念"和"观"组合而成的变幻万千的方式。普遍自觉的生活方式、工作方式、休闲方式、社交方式、思维方式都是文化的方式。

《世界经理人》杂志2008年4月曾刊载了《半部〈论语〉治企业》的文章，讲到了学习《论语》对员工行为的影响。

> 企业文化对员工行为的影响，最有说服力的体现是在2003年孙大午出事的时候。那时，孙大午利用民间资金的做法被冠以非法吸收公共存款的罪名，他、副董事长、总经理、两个财务处长、三个财务人员全部被抓。

在群龙无首的情况下，大午集团的各个厂独立运作，每天记几十万元的流水账。在孙大午入狱 158 天的日子里，没有一个员工趁火打劫，没有一个人落井下石，中层干部没有一个人掉队。

孙大午出来后，重新建账，上千万的流水，只有 2000 元对不出来。连检察长都对孙大午说："你们的企业是个奇迹。"孙大午在向我们讲述这个结果时，非常骄傲："学了这么多年《论语》，他们知道，不义之财不取，他们忠于事敏于行。"

把情感作为专门技术的 Swatch（品牌名）是手表行业的时尚先锋，他们曾宣称，Swatch 不是手表公司，是情感公司。他们认为，人们应该像拥有多条领带、鞋子和衬衫一样拥有多块手表，以匹配心情、活动、场所甚至每天的时间，所以，这种文化下的 Swatch 更像一家创意公司。

行业都有自己的个性，如制造业讲究时间、理性、科学、逻辑、规则、勤奋、集体、成本、稳定和控制，创意业需要自由、思想、观念、方式、新人、灵活、变化、破坏和创造。要想做好某个行业，必须从产品、能力和文化三个层面构建旨在吸引顾客的价值主张、旨在使组织能够凭借价值主张获取效益的利润主张和旨在推动员工及合作伙伴执行战略的人员主张。而要颠覆某个行业，也必须颠覆其产品、能力和文化，否则只是拿"颠覆"当噱头。

对创意组织来说，灵感和快乐都很重要，因此在硅谷有很多与快乐和灵感相关的新职位都以"首席××官"出现。例如，首席快乐官 CHO（Chief Happiness Officer）已成为人力资源高管的正式替代头衔；首席灵感官 CIO（Chief Inspiration Officer）的职责则是去激励、鼓舞、带领全体员工，时刻分享自己的每一个随机创意，无论别人要不要听。而且，在"互联网思维"独自汹涌于中国大陆时，中国大陆甚至还出现了"首席粉丝官"。

观念决定思路，思路决定出路！只有当绝大多数人认同、大部分人自律、管理者融入、骨干迷信的观念与文化，才是真正的文化，也才能真正释放出文化的巨大凝聚力和创造力。对创意企业，尤应如此！

3M 公司素以勇于创新、产品繁多著称于世，其之所以能够在近百年的时间里开发出数量超过 69000 种的新产品，能平均每 16 个小时推出 1 个新产品，主要就在于其鼓励创新的企业文化。在 3M 整个公司的"价值观"中，"容忍失败，鼓励创新"非常重要，"为了发现王子，你必须和无数只青蛙接吻"，尤其是它的"第11诫：切勿随便扼杀任何新的构想"。3M首任董事会主席威廉·麦克奈特曾说："要鼓励实验性的涂鸦，如果你在人的四周竖起围墙，那你得到的只是羊""我认为在发生错误时，如果管理者独断专行，过于苛责，只会扼杀人们的积极性。只有容忍错误，才能够进行革新。"这些鼓励员工的创造性、自觉性的管理哲学，在3M被称为麦克奈特原则。

创意小点子

8年前，英国人拉特纳接管了父亲留下的珠宝店。那时的珠宝店就像是一个华丽肃穆的殿堂，令一般顾客望而却步，因此门庭冷落，生意清淡。

可是，拉特纳上任之后，改变了传统的经营思想，他把珠宝店改建成了普通顾客也能接受的一个廉价商店。在他的店里，甚至还有便宜到99便士的饰品，这在英国的珠宝店是非常稀有的。

同行们不理解他的做法，可是这一新的经营思想却受到了顾客的欢迎，也给拉特纳带来了滚滚财运。现在，他已经拥有了600家珠宝店，其公司不仅独霸英国，还打入了美国市场，成为世界上赢利最多的珠宝公司。

政策

领袖和跟风者的区别就在于创新。创新无极限！只要敢想，没有什么不可能，立即跳出思维的框框吧。如果你正处于一个上升的朝阳行业，就尝试去寻找更有效的解决方案：更招消费者喜爱、更简洁的商业模式。如果你处于一个日渐萎缩的行业，赶紧在自己变得跟不上时代之前抽身而出，换个工作或者转换行业。不要拖延，立刻开始创新！

——美国苹果公司联合创始人　乔布斯

所谓政策是指，组织为实现自己的利益与意志，以权威形式标准化地规定在一定时期内，应该达到的奋斗目标、遵循的行动原则、完成的明确任务、实行的工作方式、采取的一般步骤和具体措施。

这里的政策是广义概念，除了一般党政机关、政治集团的产业政策、约束性法规外，还包括企业、非政府组织等组织的纲领性文件和制度。可以理解为道格拉斯·C.诺思定义的制度：一个社会的游戏规则，是为决定人们相互经济和社会关系而人为设定的一些制约，由道德、习惯和行为准则等非正式约束与宪法、法令和产权等正式约束所组成。

道格拉斯·C.诺思在《制度、制度变迁与经济绩效》中指出，制度决定经济绩效，适宜的制度环境可以促进社会经济的发展。

在《战国策·燕策一》中，有篇《千金市马骨》的短文：

> 古之君人，有以千金求千里马者，三年不能得。涓人言于君曰："请求之。"君遣之，三月得千里马。马已死，买其首五百金，反以报君。君大怒曰："所求者生马，安事死马而捐五百金！"涓人对曰："死马且市之五百金，况生马乎？天下必以王为能市马。马今至矣！"于是，不能期年，千里之马至者三。

国君想用千金重价征求千里马，臣民们可能将信将疑，结果花费了三年的时间都没有得到。可是，当以500金买一匹死马的消息传开后，人们相信君王是真心实意喜爱良马，而且言出必行。结果不到一年，国君就得到了三匹别人主动献来的千里马。这就是有且能严格执行的激励政策的功劳。

在政策层面，对创意产业而言，政府的产业政策和约束性法规影响巨大；对创意人而言，所在组织的制度也明显存在正面和负面的根本性影响。所以，要发展创意产业，就要有能激励创意产业发展的产业政策；要生成好的创意，需要能刺激创意人乐于创意的制度环境。

（一）政府产业政策

产业政策指的是，对于一定时期内产业结构变化趋势和目标的设想，不仅规定了各个产业部门在社会经济发展中的地位和作用，还提出了实现这些设想的政策措施。所谓创意产业政策是指，国家制定并组织实施的旨在鼓励、规范、扶持创意产业发展的一系列政策的总和。

创意产业政策需要明确这样几点。

1. 创意产业在国民经济中的战略定位

即明确，创意产业在区域经济中是主导产业、支柱产业，还是基础产业。由于区域所处的经济发展阶段以及各产业的运行特点不同，创意产业对产业结构和经济发展的影响可能难以明确，可以定位为先导产业。通常的定位方法有：基于资源优势的产业定位、基于区位优势的产业定位、基于产业基础的产业定位、基于区域分工协作的产业定位、基于产业升级的产业定位和基于产业转移的产业定位。

2. 产业发展目标

按照 SMART 原则确定的创意产业发展目标，分为：总体目标和阶段目标，包含经济目标、社会目标、文化目标等。

3. 产业空间布局

指的是，创意产业在区域范围内的空间分布和组合。在网络布局模式和区域梯度开发模式的大区域产业布局下，下一级区域应重点考虑点轴布局模式和增长极布局模式：首先通过政府激励计划，重点吸引产业投资，有选择地在特定区域或城市形成创意产业增长极，使其实现规模经济并确立其在经济发展中的优势地位；然后，凭借市场引导，充分发挥增长极的辐射作用，从其邻近地区开始，产生新点，从而形成以点带轴、以轴带面，逐步带动整个区域经济的发展。

4. 重点发展项目

构建支撑产业布局的产业集聚区、项目集群和项目库，进行动态跟踪和管理。

5. 综合保障措施

为了实现上述目标，要不断完善组织、产业、投资、财税、金融、土地、人才、对外合作、公共服务等方面的保障措施。

除此之外，产业政策还应包括更广泛的层面。澳大利亚创意产业研究学者斯图亚特·坎宁安在《从文化产业到创意产业：理论、产业政策的含义》

一文中指出："通过政策组合，我们可以了解对创意内容企业进入产业援助计划并得到产业援助计划的支持所进行的各种形式的评估。这些形式有风险资本援助、其他形式的合理投资、实施竞争规则以及结构性规则。这些形式都大同小异，但却不同于直接补贴或内容规则。还有孵化、行业技术发展、投资刺激、数字版权保护、无利润增长等，以及研发税赋减免、快速销账、租税免税、影响小企业的邮寄货品服务税和启动计划等产业发展计划的更广泛应用。"

曼彻斯特科学园位于曼彻斯特南部，于1984年3月动工兴建，邻接欧洲最大学府之一——曼彻斯特大学，有铁路、机场、高速公路，交通方便，为各种规模的公司提供良好的环境。为了发展以知识、创意、高科技为发展动力的各类产业，包括：生物医药、商业服务、计算机软件、数码科技、工业技术、技术咨询、环境科学以及公共服务等。它采取了这样一些激励政策。

（1）业务拓展：为了帮助中小企业进行业务拓展，园区设立了专门负责人。该负责人拥有20年高科技创新企业的从业经历。

（2）免费推广服务：园区设立了专门负责人，帮助企业处理媒体关系、宣传策划等问题。

（3）租客交流：园区组织租客之间进行早餐会、研讨会、与园区管理者之间的午餐会等活动，帮助彼此沟通，发现商机。

（4）学术后备：园区帮助企业进行校园招聘、员工培训、实习安排等。

（5）国际交流：园区通过其与曼彻斯特投资协会和英国贸易投资协会等的关系帮助租客寻找海外商机。

（6）IT支持：IT咨询服务、IT午餐会，以及众多与IT相关的后备服务。

曼彻斯特最近十多年来以金融服务业与商务服务业为先导，以创意产业为出发点，逐步从工业重镇开始向商务重镇转型，创意产业占曼彻斯特的GDP比重已超70%。

目前，我国已发布《文化产业振兴规划》（2009年）、《中共中央关于深化文化体制改革的决定》（2011年）、《国务院关于推进文化创意和设计服务与相关产业融合发展的若干意见》（2014年）、《国务院关于加快发展对外文化贸易的意见》（2014年）等国家层面的有关激励创意产业发展的政策文件。2015年1月28日，李克强总理在国务院常务会议上，确定支持发展"众创空间"的政策措施，为创业创新搭建新平台。会议确定了人力发展"众创"空间，分配权善创业投融资机制，简化登让手续，为创客发展提供便利的多项措施。这不仅成为"两会"上"创客"一词热议的铺垫，更彰显了政府在平台建设和监管措施上坚强的信息。

（二） 企业制度

企业制度是指，以产权制度为基础的企业组织和管理制度，是企业运行和发展中全体员工须共同遵守的规定、规程和准则的总称，其表现形式或组成包括：战略纲领、企业组织结构、岗位说明、专业管理制度、工作流程、管理表单等各类规范文件。

按照利奥·赫尔维茨的机制设计理论，在市场经济中，每个理性经济人都会有自利的一面，其个人行为会按自利的规则行为行动；如果一种"激励相容"的制度安排，使行为人追求个人利益的行为，正好与企业实现集体价值最大化的目标相吻合，创意企业的制度就要支持创意所需的自由、思想、观念、方式、新人、灵活、变化、破坏和创造的环境，要激励相容的制度安排。

谷歌具有独特的创新模式，遵循1∶9原则，即10%的研发经费和人员负责未来，其余90%负责当前利益，仅用了16年时间，就发展成了拥有4000亿美元市值的谷歌管理模式核心。为了给员工放权，公司设计了一套系统，员工的优秀创意可以得到有效落实，例如Gmail等谷歌的很多产品和功能都源于此。

谷歌还有类似3M（明尼苏达矿务及制造业公司）的政策，让员工将20%的工作实践用于开发业余项目。此外，谷歌的"快速失败"还鼓励员工从失败中吸取教训，不断学习，快速迭代。

3M的企业使命是：成为最具创意的企业，并在所服务的市场里成为备受推崇的供应商，它不会用规章制度约束员工的创造力和创新力，而是授予员工充分的权利。比如，公司的人力资源准则、新产品商业化流程、技术论坛、奖励制度、"15%时间"法则、起源基金等。

1.3M人力资源准则

我们尊重每一位员工的价值，并鼓励员工创新，为员工提供具有挑战性的工作环境及平等的发展机会。

2. 新产品商业化流程

（1）激发创意：发现新点子。

（2）形成概念：将设计想法概念化，对相关的技术和市场元素进行详细的解释，包括对目标客户的调查、可能存在的客户问题是什么等。

（3）可行性分析：包括技术、生产和市场、环保的可行性。

（4）开发阶段：通过研发投入小规模生产，同时反馈客户的意见。

（5）扩大规模：进行大规模生产。

（6）商业化：进行相关市场的推广和销售。

（7）后续追踪：后续客户反馈及改进。

但在实际工作中，这个流程会比较灵活，会根据新产品的风险程度不同，简化流程。

3. 技术论坛

"技术论坛"在3M已经有60多年的历史，对公司的创新起到很大的作用。1951年年初，委员会仅仅由几个技术人员自发组成，现在已成为横跨27个国家、拥有7000多名成员、涵盖各种科技领域的国际性组织。技术论坛不仅为多个创新团队提供了共同的实验设备和激发创意火花的平台，还为组建新的创新团队提供契机。

4. 奖励制度

3M员工的职务和薪酬会随着他发明的产品的销售额的增长而自动发生变化。从新产品研制时的基层工程师、产品进入市场后的产品工程师、销售额达到500万美元时的项目经理、年销售额达到2000万美元时的部门经理、年销售额达7500万美元时的分部经理，薪酬不断上升。而对创新项目，3M既有奖励团队的，也有奖励团队中的个人的。

3M全球共有的奖项，最著名的是"卡尔顿奖""金靴奖"和"全球技术卓越创新奖"。其中，卡尔顿奖是以3M前总裁卡尔顿命名的，是3M科学家个人的最高荣誉；金靴奖是3M全球鼓励团队创新的最高奖项；技术卓越创新奖则是3M员工个人技术水平的最高奖项。此外，3M还设置了"寻径奖"

"商业奖""精英奖"等各种鼓励团队创新的奖项。除了不菲的奖金,这些奖项蕴含的精神奖励激励价值更大。

5. "15%时间"法则

3M鼓励员工分出工作时间的15%,投入到研发领域,这就给了员工很大的随意性和自由性,更多的人可以专注于创造出新的研究成果。

比如,3M最受欢迎的产品之一是黄色的Post-it Notes报事贴便条纸,就是研发人员埃特·弗来运用"15%时间"法则,利用由斯宾塞·席尔瓦发明的黏性较差的黏剂发明出来的。

6. 起源基金

设立于1984年的"起源基金",是3M为那些没有通过新产品商业化流程的创意提供第二次机会的奖金。研发人员完成初步试验,论证方案的可行性后,把项目介绍及试验结果发给专门管理基金申请的部门,等待他们的评审。根据项目本身的大小,申请金额在几万美元内变动。迄今为止,该基金已经为3M的70多个项目提供了资助,总金额超过350万美元。

如果想让人们乐于创意,就要出台鼓励创意的政策;如果想让人们创意不断,就要将激励政策及时落实,对他们予以肯定奖励。

📎 创意小点子

哥伦布发现新大陆后,回到了英国,女王为他摆宴庆功。酒席上,许多王公大臣、绅士名流都瞧不起这个没有爵位头衔的人,纷纷出言讥笑哥伦布:"有什么了不起的,我出去航海,照样也会发现新大陆!""驾驶航船,只要朝一个方向前进,就会有重大发现,傻子也知道!""太容易了!这种事谁碰上谁出名!""哥伦布这家伙运气真好!"……

哥伦布微笑着听完了大家的讽刺和挖苦,然后站起身子,说:"各位尊敬的先生、女士,现在请大家一起做个游戏——哪位能把鸡蛋在桌子上立起来?"这个简单的小游戏激起了大家的兴趣,很多人都跃跃欲试,可是没有一个人能够把椭圆形的鸡蛋立在桌子上。这时候,人群中发出一个声音:"我们立不起来,你也立不起来!"

哥伦布没有说话,却用行动反击了这个人的挑衅!他拿起鸡蛋向桌子上轻轻一磕，鸡蛋的大头就凹了下去，然后哥伦布轻而易举地就把鸡蛋立在了桌子上。大家看到这里，说："这太简单了，谁不会呀!"哥伦布笑着说："是的，这个方法的确很简单，可是我说过了，这仅仅是一个小游戏而已。但问题是，在这之前，你们为什么都没有想到这个方法呢?"

第四章

强化激发创意生长的内部要素

人人都有激发创意的基因，为什么外部环境相似的人只有少数能成功呢？原因很简单，由知识、经验、想象力和态度构成的创意引擎的内部要素存在至少一项缺失。

知识、经验、想象力和态度是创意生长的胚乳，是促成创意发芽、发育、长大的营养组织。这些要素及其构成方式，决定着创意的方向、内容、形式与质量。

需要注意的是：态度常常能弥补想象力的不足，而智慧却永远填补不了态度的缺位。

内部要素决定了创意质量

具有丰富知识和经验的人，比只有一种知识和经验的人更容易产生新的联想和独到的见解。

——泰勒

在《三国演义》第 46 回有一个叫作"草船借箭"的故事。

一天，周瑜给诸葛亮出了一道难题——10 天之内监造 10 万支箭。诸葛亮虽然知道这是对方在为难自己，却依然接受了使命，还把日期缩短为 3 天，当场立下了"军令状"。

第三天，江面上烟雾缭绕、远近难分。诸葛亮在鲁肃的陪同下，指挥 20 只草船向曹操的大营驶去，并令船上军士擂鼓呐喊。顿时，曹营中乱了阵脚，以为敌军来进攻，立即命令弓箭手向鼓声方向射箭。

这样诸葛亮通过草船，凭借大雾，跟曹操"借"了许多箭，完成了

"造"箭任务。

事后，鲁肃惊奇地问："先生真是神人！你怎么知道今天有大雾？"孔明说："做将帅而不通天文，不识地利，不知奇门，不晓阴阳，不看阵图，不明兵势，就是庸才。我在三天前就已经算定今天大雾，因此才敢约定三日之限。公瑾让我十天完成任务，可是工匠料物都不趁手，明摆着就是想杀我。——我的命是老天给的，公瑾岂能害我！"鲁肃心服口服。

"草船借箭"之所以能够获得成功，一方面在于诸葛亮识大体、顾大局的宽广胸怀和迎难而上的态度，另一方面是诸葛亮上通天文、下识地理，博才多学，善于识机并利用它。由此可见，个人的态度、知识等内部要素不仅能发现创意方向，还决定了创意的质量。

一天，甲和乙两青年一起开山。甲先把石块砸成石子，然后运到路边，卖给了修建房屋的人；乙发现，这儿的石头都是奇形怪状的，卖重量不如卖造型，于是便把石块运到码头，卖给了杭州的花鸟商人。三年后，他成了村上第一个盖起瓦房的人。

当地政府规定：不许开山，只许种树！于是，这儿很快就变成了果园。每到秋天，来自四面八方的客商都会云集在这里，他们把堆积如山的梨子成筐成筐地运往北京和上海，发往韩国和日本。因为这儿的梨汁浓肉脆，纯正无比，人们都喜欢。

渐渐地，青年乙发现，来这儿的客商一般都能挑到好梨，但却找不到盛梨子的筐。于是，就在村上的人在为鸭梨带来的小康日子欢呼雀跃时，他卖掉了果树，开始种柳树。五年后，青年乙便成为村里第一个在城里买房的人。

再后来，一条铁路从他们这里贯穿南北，可以直达北京。小村对外开放，果农也由单一的卖果转向了果品加工和市场开发。在一些人开始集资办厂的时候，青年乙却在他的地头砌了一堵300米长的墙。

这堵墙面向铁路，背依翠柳，两旁是一望无际的万亩梨园，经过这儿的人，不仅可以欣赏盛开的梨花，还会突然看到在城里常见的四个大字：可口可乐。据说，这是五百里山川中唯一的一个广告。青年乙凭借这堵墙，第一个走出了小村，因为每年有4万元的额外收入。

不可否认，想象力和经验是青年乙成功的不二法门。从"石头都是奇形怪状的"想象到"卖重量不如卖造型"的景观石，是想象力；从种梨树转向种柳树，从大家一窝蜂做水果产业转向做广告墙，是"与众不同"的经验。

创意小点子

战国时代，秦国人最强，但也不能一次吃掉六国。其他六国虽然小，但合起来对付秦国也可以打败他；另外六国，势均力敌，单打独斗，谁也杀不了谁。

一次，几批人相互混斗，最后一起来到了一个荒无人烟的地方。混战了很长时间，每个人都很口渴。

当时，秦国人马最强，走在最前面，最先发现了一大缸水，开始喝起来。秦国人喝完水后，发现还有大半缸水，其他六国的人马上就要来了。战士们喝完后，想倒掉水，却被将军叫住了："留些水！"

战士们感到很奇怪，说："我们只要把水倒掉，他们就全活不成。"可是，将军却说："如果把水倒掉，他们六国就会团结起来继续寻找新的水源。而且，通过一起找水源，他们的感情会更深，日后会更加团结，我们就更没有办法打败他们了。"

将军又看了看多余的水，接着说："现在还剩七成水。我们这边的人数，相当于六国的总人数，我们喝掉三成，他们加起来大约也就喝掉三成。如果他们看见水很充足，就不会拼命抢水喝了。你们把水倒掉六成，一定要给他们留下大约一成的水。"于是，战士们就倒掉了大部分水，只留下一成水在缸里。

六国的人马很快就赶来了，他们一看见水，就都跑了过去。等到发现水不多时，就疯狂地抢了起来。结果，六国的战士相互残杀。最后逃回到本国的人，就告诉自己国家的人民："其他五国简直是太卑鄙了，居然抢水、杀人。"

从那以后，六国就不团结了。

知识——知多才智多，计上心来

富士康是在"压力"中被迫创新，在"成长中"勉强传承，在"运气"

中连番跃升；在变动中勇于创新，在开创中积极传承，并在成就中持续跃升。就跟打麻将一样，还没下桌，谁输谁赢还未定。

——富士康科技集团创办人　郭台铭

知识，是人类在实践中认识客观世界（包括人类自身）的成果，主要包括事实、信息、技能等。它是关于理论的，也是关于实践的，是构成人类智慧的最根本的因素。

"智"由"知"和"日"组合而成，也就是说，只要日积月累地学习知识，就会有"智"。古典小说中往往说"眉头一皱，计上心来"，根源就在于从"知"到"智"。没有足够多的"知"，"计"从何出？不断积累知识资料，主要是为了积累更多的旧元素，以便重新组合。

创意素材的积累需要知识的积累，积累是一个长期坚持的行为，因此一定要重视文化的学习，逐渐丰富自己的知识结构。这里有一个关于牛顿小时候的故事。

从小牛顿就对天文学十分感兴趣。一天晚上，当他抬头遥望天空中的美丽星星时，被那闪烁的星空和弯弯的月亮深深地吸引了。他那善于思考和幻想的脑子马上转动了起来："星星、月亮都高高地悬挂在空中，为什么不落到地上呢？"

为了找到答案，牛顿每天都抱着一本天文学书籍坐在树林子里看。一天，在他看书的时候，突然不知什么东西一下子砸在了他的头上，他找到一看，原来是一个熟透的苹果从树上掉了下来。这种现象本来非常常见，可是却引起了牛顿的注意。

他浮想联翩，幻想和知识的泉水汹涌出来，月亮高高地挂在空中，而苹果却落到了地上，难道地球就像一块巨大的磁铁？经过深深地思考，他终于找到了答案：每一个物体都会吸引着另一个物体，一个物体所包含的质量越大，其吸引力也就越大；一个物体与另一个物体离得越近，吸引力越大。地球比苹果重得多，因此地球的引力比其他方向上的事物对苹果的引力要大得多，所以苹果要向地球上落。

"是万有引力才引起苹果的坠落，是万有引力使所有的东西都保持在一定的位置上。"于是，著名的万有引力定律就从牛顿的幻想中得出来了。

创意需要专业知识作为基础。专业知识在人进入思考状态时会处于"活化"状态，一旦有合适的外部因素激化，就会产生创意。如果牛顿没有数学、物理方面的专业知识，即使苹果不停地砸在他的头上，他也只会换到另外的树下去发呆，而不会"创意"出万有引力，进而提出万有引力定律。

创意需要多学科知识作为营养。创新者一般都有跨学科的经历，知识较常人丰富。古登堡之所以会对印刷机进行改进，主要是因为他曾经在葡萄酒厂待过一段时间，对葡萄压榨机的工作原理比较熟悉；现代遗传学之父孟德尔曾经是一位修道士，可是在大学阶段他学习的是哲学和物理学，甚至还在一座修道院的花园里进行过豌豆种植试验；被称为"文艺复兴时期最完美的代表"的欧洲文艺复兴时期的天才艺术家、科学家、发明家达·芬奇知识渊博，通晓数学、生理、物理、天文、地质等学科。

知识的积累是一个艰苦、持之以恒的过程。19世纪著名的俄国民主主义者赫尔岑说："在科学上除了汗流满面，没有其他获得知识的方法，热情也罢，幻想也罢，却不能代替劳动。"

欧阳修《归田录》载有《"三上"作文》：

> 钱思公虽生长富贵，而少所嗜好。在西洛时，尝语僚属，言平生唯好读书，坐则读经史，卧则读小说，上厕则阅小辞，盖未尝顷刻释卷也。谢希深亦言：宋公垂同在史院，每走厕必挟书以往，讽诵之声琅然闻于远近，亦笃学如此。余因谓希深曰："余平生所做文章，多在'三上'，乃马上、枕上、厕上也。"盖唯此尤可以思尔。

此文先讲了钱惟演（钱思公）、谢绛（谢希深）好学，又说了自己马上、枕上、厕上的"三上"作文，都说明了平时积累以及灵感与之相关的重要性。他还说："为文有三多：看多、证多、商量多。"意思是：多看书，学习别人的写作经验；多作文，在实践中提高；多与别人商量、研究，征求别人的意见。

爱迪生一生专利发明有1328项，这与他丰富的知识积累是分不开的。他平时喜欢将自己所想到的每一个新想法都记下来，不管它多么卑微、渺小。一次到朋友家吃饭，爱因斯坦与主人讨论问题时，忽然又想到了一些问题。他拿起钢笔，在口袋里找纸。可是没有找到，最后干脆就在主人家的新桌布上写开了公式。

我们所掌握的知识，会成为形式知识，变成通识，而多学科的知识背景容易通过跨界产生新知识，促进创意的生成。

 创意小点子

一天，一头驴子不小心掉进了一个枯井之中。主人请来一群朋友帮忙，想要将驴子救出来。但是，井太深，再加上井壁狭窄，大家想了很多办法都无济于事。

主人想到：驴子跟随自己十多年，吃了很多苦，不忍心看着它活活地饿死在井中。于是，便决定将这口井填埋了。既然救不了驴，就让它死得快一点，少受一点痛苦。

开始的时候，驴子看到人们一铁锹一铁锹地倒土，感到很安慰，他觉得主人正在救自己。可是，当他发现脚下的土越来越多，而人们依然没有停手的时候，它明白了其中的意味。

求生的本能让驴子将撒到自己身上的土都抖落在了脚下，于是，当人们铲起一锹锹沙土丢进井中后，奇迹发生了：丢进去的沙土成了驴子的垫脚石，随着沙土的增多，驴子也慢慢向井口上升。很快，驴子的头便出现在了井口。

经验——熟能生巧，巧能生精

竞争优势的秘密是创新，这在现在比历史上的任何时候都更是如此。创造力对于创新是必要的，公司文化应该提倡创造力，然后将其转变成创新，而这种创新将导致竞争的成功。

——美国《未来学家》

经验是从多次实践中得到的知识或技能，当面对一个全新的、此前从未接触过的新课题或前沿问题时，经验的重要性就会凸显出来。在创意过程中，识别、分析"输入"的经验可以帮助创意者快速去伪存真，快速识别其中的关键、核心信息，找到激发创意的引擎。创意技巧和方法也是经验的总结和积累。

一次，美国福特公司的一台工业电机出现了问题，各方人士接连检查了三个月，也没有找到解决办法。于是，他们请来了德国专家斯坦门茨。

斯坦门茨经过仔细研究和计算，最后用粉笔在电机上画了一条线，说："打开电机，把画线处的线圈减去16圈。"工作人员按照这个方法做了，电机果然恢复了正常。

福特公司问斯坦门茨："我需要支付多少酬金？"他说："一万美元。"在场的人们惊呆了——画一条线竟要这么高的价！可是，斯坦门茨却坦然地说："画一条线值1美元，知道在什么地方画线值9999美元。"

如果说斯坦门茨的"研究和计算"应用的是知识，但应用什么知识和在电机什么位置画线却依靠的是经验。

有个朋友没读过书，生意却做的相当大，我一直都感到很好奇。一天，去拜访他，终于找到了答案！他儿子在做作业，有道题不会，叫我们帮忙。儿子将作业本拿给我们，题目是：鸡和兔共15只，共有40只脚，鸡和兔各几只？

我想了想，回答说："设鸡的数量为X，兔的数量为Y"……可是，我还没算出答案，朋友已经给出了答案！

他说："你们这些念过书的人不残废才怪呢！这道题这么简单，你们看：假设鸡和兔都训练有素，吹一声哨，抬起一只脚，$40-15=25$。再吹哨，又抬起一只脚，$25-15=10$，这时鸡都一屁股坐地上了，兔子还两只脚立着。所以，兔子有$10\div2=5$只，鸡有$15-5=10$只。"

我佩服他源于经验的计算方法，或许正是因为这个原因，他儿子的数学总考第一。

如果没有经验，不管做任何事情都要从头摸索；没有经验，也就缺少了一种重要的资源。可是，经验，容易让我们固执己见；经验，容易让我们因循守旧；经验，容易让我们不能与时俱进。所以，在实际工作中，要注意因经验带来的"路径依赖"。

有这样一则寓言。

一天，驴子背盐渡河，在河边滑了一跤，跌在水里。盐遇水融化。

驴子站起来时，感到身体轻松了许多。驴子非常高兴，获得了经验。

过了几天，驴子背棉花过河，为了减少重量，便故意跌倒在水中。可是，棉花吸水能力很强，驴子非但没有再站起来，而且一直向下沉，直到淹死……

驴子为什么会死于非命？主要原因就在于，它没有正确地对待经验，机械地套用了经验。经验是一把双刃剑，善于运用并加以创新，做起事情来就会如鱼得水；目光短浅并顽固不化，结果只能是死路一条！

面对春运一票难求、城市汽车拥堵问题，国内的大V级经济学家们通常会祭出"涨价"的调节武器，这也是典型的死抱"需求定律"的路径依赖症，于是面对人口增长，政府就"限生"；面对交通拥堵，政府就"限行"；面对楼市降价暗潮，政府就"限降"……这些看似有理实则无能的怪现象，都是基于经验的惯性思维主导下的"路径依赖"。

例如，一个小城市，缺少公共停车场，人们购物时喜欢把车停在街边。由于街道狭窄，如果一个人长时间把他的车停在路边，别的人就没办法停车了，可能导致争端或使该条街道交通瘫痪。怎么办？

唯价格论的经济学家们会建议政府配备专门的收费系统和收费员，大幅提高停车费用，从而使那些对停车成本敏感的人尽量缩短停车时间。这个方法符合经济学逻辑，但实施成本较高，而且很可能使整座小城变成一个"合法"的停车场。

有更好的办法吗？

创意的解决方法仍然是利用经验——只是跨行业的经验，来自汽车驾驶方面的经验。这个小城市颁布了一条新规定：停在街边的汽车不用付费，车主愿意停多久就停多久，但停车时必须开着大灯。有驾驶经验的人知道，熄火后的汽车如果开着大灯，电源很快就会被耗光。如此一来，就没有人愿意长时间在街边停车了。

经验对创意很重要，但经验要跳出经验外。

 创意小点子

在美国加利福尼亚州有一条河流，河流上游有个工厂经常排放污水。污水影响了下游居民的饮水卫生，于是下游居民找到政府，要求政府下令关闭上游的工厂。政府找到这个工厂，勒令它立即整改排污系统，否则会处以巨额罚款。工厂改变了策略，白天不再排污，改为晚上排污。问题越闹越大。

怎么解决这个问题呢？有人建议：只要政府立法规定，所有工厂的生活用水必须从工厂的下游取水，就可以一举解决这个问题。你想想看，如果一个工厂的工人不得不使用河流下游的水作为饮用水，他就必须保证自己排出来的水是干净的。

态度——点燃创意的火把

天才最基本的特性之一是独创性或独立性，其次是他具有的思想的普遍性和深度，最后是这思想与理想对当代历史的影响，天才永远以其创造开拓新的、未之前闻，或无人逆料的现实世界。

——俄国哲学家　别林斯基

态度是人们在自身道德观和价值观基础上对人或事物的评价和行为倾向，表现为对外界人或事物的内在感受、情感和意向。创意的态度表现内心对创意"输入"的认知、认可、服从、反对、迷茫、不安等，外在可能表现出来消极、平常或积极。

精神病学家 J·A·哈德菲尔德曾说："我们过着拘谨的生活，避开困难的任务，除非我们被迫去做或者下决心去做时，才会产生无形的力量。我们面临危机时，勇气就产生了；被迫接受长期的考验时，就发现自己拥有持久的耐力；灾难降临时，我们会发现内在的潜力，仿佛是出自一个永恒手臂的力量。一般的经验告诉我们，只有当我们无所畏惧地接受挑战、自信地发挥我们的力量，任何危险和困难都会激发能量。"这也是很多实验证明的结论：心理影响生理，生理影响能力。即我们的态度会影响到我们能力的发挥。

1963 年诺贝尔医学奖得主、英国著名医学家约翰·艾克里爵士提出，大脑就像一个接收器一样，能够接收来自心灵的能量模式，这就是以思想的形式表现出来的意识。意识的能量能够刺激大脑的反应。

物理学家已经证明，我们这个世界上所有的物质都是由微观旋转的粒子组成的。这些粒子有着不同的振动频率，是粒子的振动使我们的世界表现成目前丰富多彩的样子。人在不同的体格和精神状态下身体和意识的振动频率也是不同的。

大卫·R. 霍金斯博士经过近三十年长期的临床实验和研究，发现人类各种不同的意识层次都有其相对应的能量振动频率物理学指数，而决定一个人意识能量层级的关键因素是这个人的社会动机和心灵境界。

这项研究生成了一幅意识能量场的示意表，如下表所示。对数值的标准与具体的意识过程有关：情绪、观点或者态度、世界观以及精神信仰等。

意识示意表

神学观	人生观	层级	对数值	情绪	过程
本我	存在	开悟	700~1000	不可言喻	纯粹意识
全人类	完美	宁静	600	幸福	启发
唯一	完整	喜悦	540	宁静	理想化
忠诚	善良	仁爱	500	崇敬	心灵启示
智慧	意义	理性	400	理解	抽象
仁慈	和谐	接纳	350	宽恕	超然有在
灵感	希望	乐意	310	乐观	意图
授权	满足	中性	250	信任	放松
包容	可行	勇气	200	肯定	激励
淡漠	苛刻	骄傲	175	轻蔑	自负
复仇	敌对	愤怒	150	憎恨	挑衅
拒绝	失望	欲望	125	渴望	奴性
制裁	可怕	恐惧	100	焦虑	退缩
轻视	不幸	忧伤	75	悔恨	悲观
谴责	无望	冷漠	50	绝望	放弃
报复	邪恶	内疚	30	责备	毁灭
蔑视	悲惨	羞耻	20	耻辱	消逝

（来源：《意念力：激发你的潜在力量》，大卫·R. 霍金斯著，李楠译，中国城市出版社。）

从上表可以看出，刻度值200是正面影响和负面影响的分界线。在这个刻度之下的，都会让人感到消极、软弱。在这个刻度之上的态度、思想、感情、个体或者历史人物，都会让人感觉积极、强大。

能量级 250 是中性层级，在此能量以下，人的意识习惯于用二分法看待事物，看问题的观点刻板固执，这是创意生成的障碍。

能量级 310 具有非常积极正面的能量状态，可以被视为通向更高层级能量的成功之路。这一层级思想较为开放，是创意人需要的最低能量层级。而要提高我们的能量级，就需要亲近更高能级的东西，才会引起高能级振动。

美国著名思想家爱默生曾经说过："一个朝着自己目标永远前进的人，整个世界都给他让路。"如果一个人能量级低于 200，他是消极的，他的人生温度就低于 0℃，他的人生状态就像冰，他的世界就只有他双脚站的地方那么大，周围的人也会远离这块缺乏生机的"冰"。他的创意就局限在自己双脚范围内，是一个点，甚至由于心智长期被消极占据，他的认知、判断和想象力会全面下降直至丧失；如果一个人能量级在 200~310，他对人生抱平常的心态，他的人生温度就处于常温，他的人生状态就如同水，能在山间跳跃，能融进大河、大海，所到之处都是他的世界。尽管他的世界丰富多彩，但他是常态的水，离不开大地。他的创意空间就是广阔的大地，是一个无穷无尽的面。创意资源众多，可以自如地生成创意；如果一个人能量级在 310 以上，他对人生是积极的，他的人生温度就处于高温，他的人生状态就如同水蒸气，他将自由飞翔，他不仅拥有大地，还能拥有天空，他的世界和宇宙一样大。他的创意空间就是广袤无垠的宇宙，是多维的立体。创意资源无限，创意生成信手拈来。

✐ 创意小点子

当日本人渡边还是个打工仔时，非常想当老板。开始的时候，他想在东京开一家小商场，但经过调查后发现，东京的商场很多，竞争激烈，如果自己再挤进去，没什么独特优势，是很难生存的。

一天，渡边阅读报纸的时候，看到这样一则消息：1/4 的美国人、1/6 的日本人、1/7 的英国人都是左撇子。他忽然有了灵感：开一家左撇子产品专营店。当时绝大多数的厂家都是根据右手习惯来设计产品的，几乎没有人考虑到左撇子的习性和生活、工作需要。

于是，渡边说服一些厂商专为自己的商场设计、生产了一些左撇子专用产品，比如：汽车驾驶盘、网球、高尔夫球用具等。结果，这些产品受到了世界各地左撇子消费者的欢迎。很快，他的左撇子用品专营店就成了东京最有实力的大商场。

想象力——给知识和经验插上翅膀

想象力比知识更重要，因为知识是有限的，而想象力概括着世界上的一切，推动着进步，并且是知识进步的源泉。

——爱因斯坦

想象力是人们在已有形象的基础上，在头脑中创造出新形象的能力。比如，当你跟朋友说起手机，头脑中就想象出各种各样的手机来。因此，可以说，想象力是在人们头脑中创造一个念头或思想画面的能力。

通常来说，想象是在掌握一定的知识面的基础上完成的，但就创意而言，想象力比知识显得更重要。爱因斯坦曾说："想象力比知识更重要，因为知识是有限的，想象力概括着世界的一切。"

想象力是创意的发动机！我们每时每刻都能从周围的环境中获得大量信息，只要不断加以运用，想象力的巨大作用就可以充分发挥出来。

走在林荫小路上，当人们看到汽车和小鸟的时候，大脑就会将这两种形象存储起来。在想象力的作用下，人们就可以联想到会飞的汽车或电动的小鸟……所有的这一切都是知识与想象力相互作用的结果。

有了想象力，已知的知识或者储备的记忆就可以迅速转化为新的东西。没有知识做基础的想象力是虚无缥缈甚至是荒诞的，缺乏甚至没有实际价值。

丰富的想象力是一种培养创意心智机能的思维活动，它不同于思考，是思考的一种深化，是由此及彼的思考。如果缺乏想象力，学一点就只知道一点，知识面就是零碎的、独立的；如果拥有丰富的想象力，知识就会由一点扩展开去，触类旁通，就会出现知识的飞跃，出现创意灵感，开出智慧之花。

人造牛黄的成功就是旺盛想象力的结果。

牛黄是一种珍贵的药材，但是，牛黄只能从屠牛场上偶然得到，数量极少，所以许多医药单位都想方设法来寻觅解决牛黄不足的途径。

广东海康药品公司的员工在研究中发现，牛黄是因为牛胆囊里混进了异物，然后以它为核心的周围凝聚了许多胆汁的分泌物，日积月累就会逐渐形成胆结石。由此，他们想起了河蚌育珠，珍珠也是由沙子进入蚌内，由蚌分泌出黏液，将沙子包住而形成的。既然经过人为的插片，河蚌可以培育出奇光异彩的珍珠来，难道就不能给牛接种异物，培养珍贵的牛黄吗？

工作人员从河蚌育珠的方法得到启示，对牛施行了外科手术，在牛的胆囊里埋入异物。一年之后，他们果然从牛的胆囊里取出了结石。这种人工结石和天然牛黄一样，试验成功了。

无独有偶！

有家扇厂的一位青年工人，看到本厂生产的扇子使用时用手打开很不方便，总想设计一种使用方便的扇子。一天，天空中下起了下雨，出门办事的时候，他拿了一把自动雨伞，脑中立刻就浮现出了一个设想：伞能自动打开，那么能否做出自动开启的扇子呢？

于是，他经过反复的实验，自动开启扇便出现了。这种扇子完全摆脱了传统的结构，能像伞一样自动打开。

这就是想象力的作用！

世上万物都是相互联系的，它们之间往往存在共同之处，通过丰富的想象力就能从中得到启示，进行创意。就连分析心理学首创人荣格都这样赞誉过想象力："从来没有一个创意作品不是靠幻想力的玩耍而诞生的。我们要对幻想的玩耍致以无量的感激。"

想象力能够克服两个概念在意义上的差距，把它们联系起来，因而往往能够发现某些事物的相同因素或某些联系，揭示事物的本质。比如：牛黄的形成和河蚌育珠存在着共同点，电扇的发明也是由于自动伞能自动开启而引发的。

联想是建立在人们已有的知识和经验之上的，并不是异想天开，而是对输入头脑中的各种信息进行编码、加工与输出的活动。通过想象力，人们的智力活动就会打破时间和空间的限制，使智力展翅高飞，开阔人们的视野，使人们看到前所未有的新天地。由此可见，想象力越丰富，导引创意的作用就越广阔；想象力越强烈，想象就越富有创意，提出的想法和问题就越新奇！

创意小点子

公元 1202 年，铁木真和王汗联合起来，打败了札木合，札木合投降了王汗。

那年秋天，铁木真率自己的将士来到了斡难河畔。河畔有一棵大树，五人一起才能将这棵树抱住。大树上系着一个复杂的绳结，据说，谁能解开这个绳结，谁就能成为蒙古之王，每年都会有很多人来解这个结。扎木合来过，王汗也来过，可他们都不知道该如何下手。

这个结非常复杂，连绳头也看不到。铁木真仔细观察了这个绳结，他也找不到绳头。他想了一会儿，拔出剑来，将绳结一劈两半，然后对众人说："这，就是我铁木真解开绳结的方式！"

小测试

想象力测试

下面是测试想象力的题目，请如实回答。

1. 你不得已要说一个谎话时：（　　　）

A. 总是慌乱，不抱有希望，结果让对方听出你是在说谎

B. 编造得过于详细，结果引起对方的怀疑

C. 话讲得恰到好处，令人信服

2. 你相信自己的谎言吗？（　　　）

A. 相信

B. 不相信

C. 差不多相信

3. 你来的时候，人们突然不说话了，你认为：（　　　）

A. 他们准是在谈论你

B. 这是谈话中的正常间断

C. 他们是在与你打招呼

4. 你对别人倒霉、悲惨的经历的反应是：（　　　）

A. 流眼泪

B. 同情

C. 厌烦

5. 你受到批评时：（　　　）

A. 你完全拒绝批评

B. 你认为这些批评是合理的、正当的

C. 你觉得做的事情总是不对的

6. 你晚上外出消遣时：（　　　）

A. 总是在你熟悉、喜欢的地方

B. 每次都试一试不同的地方

C. 有时换新的地方

7. 在你盼望什么人来时，而他却迟迟未到：（　　　）

A. 你担心他出了什么交通事故

B. 你会假定他被什么事情耽搁了

C. 你至少在一小时之内不会担心

8. 你在剧院或影院看演出时哭过吗？（　　　）

A. 哭过

B. 没有哭过

C. 已经有多年不哭了

9. 如果你晚上孤身一人：（　　　）

A. 你觉得害怕

B. 觉得不烦恼

C. 有点怕，但是又能够消除

10. 听鬼神故事时：（　　　）

A. 会使你发笑

B. 会令你感到毛骨悚然

C. 会使你对超自然的事情感兴趣

11. 你盯着有图案的墙纸时：（　　　）

A. 要是看了很长时间你还能看得出其中的格局

B. 你不怎么注意它

C. 你只不过单纯注意它的设计图样

12. 你在一处陌生地方睡觉被奇怪的声音弄醒时：（   ）

A. 会想起鬼

B. 会想到夜盗窃

C. 会想到是热水管

13. 交友时：（   ）

A. 尽管你们相识不久，你认为对方是有理想的

B. 你想使你交往的人进一步理想化

C. 你看得出你喜欢的人实际上很漂亮

14. 当你在看一篇熟悉的小说改编成的影片时：（   ）

A. 你通常想到看电影更能够享受其中的乐趣

B. 你通常觉得自己很失望

C. 你发现这个故事由于电影的特点而改变了

15. 你空闲时：（   ）

A. 能够以思考为自娱

B. 要是能够找到事情做会觉得很快活

C. 要是有特别感兴趣的事情考虑，觉得很高兴

16. 你对一本书或一部电影还有什么更好的主意吗？（   ）

A. 经常有

B. 有时有

C. 实际上从来没有

17. 假如你知道了你打算买的那幢房子里曾经发生过凶杀案子：（   ）

A. 如果这个地方对你很合适，你还会买

B. 你会立即放弃买这幢房子

C. 你会想到这种事情会不会在你身上发生

18. 你在心里改写过小说或电影的结局吗？（   ）

A. 只是这个故事给你很深印象时才会想过

B. 经常如此

C. 从来没有

19. 在讲述你自己的经历时：（　　　）

A. 你总是夸大其词以便把自己的经历说得更好

B. 坦率地叙述自己的经历

C. 只修饰某些细节

20. 你幻想吗？（　　　）

A. 经常

B. 有时

C. 很少

21. 你幻想的时候：（　　　）

A. 能够虚构出大量的详细错综复杂的事情

B. 只能模糊地想出一些中意、合乎需要的情节

C. 偶尔能够把某些细节安插进去

22. 看报纸时发现这样一条信息：饥饿的第三世界。你会：（　　　）

A. 迅速翻过不看

B. 发现自己没有食欲

C. 告诫自己应该为其做一些什么

23. 你能在想象中与别人交谈吗？（　　　）

A. 只是在交谈之后才能

B. 不能

C. 经常这样

24. 强烈的视觉意象总是伴随着你思考吗？（　　　）

A. 通常如此

B. 很少

C. 有时

25. 你认为自己：（　　　）

A. 对冒险很有经验

B. 对冒险不感兴趣

C. 对冒险感兴趣，但不总是很有信心

26. 色情书刊、电影：（　　　）

A. 使你厌恶

B. 使你无动于衷

C. 刺激你

27. 如果一个孩子给你讲述了他一个想象中的同伴的故事：（   ）

A. 你完全进入他的幻想

B. 你会告诉他说谎不对

C. 你只是宽容地微笑以对

28. 当你心里想着一首你喜欢的歌曲时：（   ）

A. 你能完全清楚地听到这首歌

B. 你只能断断续续地听到一些

C. 你得小声唱才能想起来

29. 当你发现邻居家被盗窃时：（   ）

A. 你会查看自己门上的锁是否牢固

B. 你想买一只看家狗

C. 你想买一件武器

30. 你能否假设你可能会遇到像坐牢这类麻烦事情吗？（   ）

A. 不能

B. 在情况稍有不妙时可以想象到

C. 这似乎是不可能的事情，所以做不到

想象力测试评分标准

题号	得分			题号	得分		
	A	B	C		A	B	C
1	1	3	5	16	5	3	1
2	5	1	3	17	1	5	3
3	5	1	3	18	3	5	1
4	5	3	1	19	5	1	3
5	1	3	5	20	5	3	1
6	1	5	3	21	5	1	3
7	5	1	3	22	1	3	3
8	5	1	3	23	3	1	5
9	5	1	3	24	5	1	3

题号	得分			题号	得分		
	A	B	C		A	B	C
10	1	5	3	25	5	1	3
11	5	1	3	26	3	1	5
12	5	3	1	27	5	1	3
13	5	3	1	28	5	3	1
14	1	5	3	29	1	3	5
15	5	1	3	30	1	5	3

结果评价

总分在 30～150 分，总的来说是分数越高，想象力就越强。

1.20～30 分，这类人的想象力是弱型，令人十分遗憾，似乎一点都不能进入想象的世界。这类人可能都很注重实际情况，很现实，不喜欢幻想。尽管如此，这类人也会对自己的想象力弱而感到失望。

2.31～60 分，这类人不太喜欢想象，具有一定的想象能力，但只要可能，总是尽力消除幻想。人们可能对这类人的冷静讲究实际的做法表示赞赏。尽管如此，这类人也失去了想象本可以给他们带来的乐趣。

3.61～90 分，这类人具有想象力，甚至可以站在别人的立场上去思考问题，从而使事情做得很有效果。想象会给这类人带来一定的好处。但这类人的想象力还为他们的见识所限制，所以应该努力扩大这类人的视野，向高度想象迈进。

4.91～120 分，这类人具有很强的想象力，有时他们的想象过于丰富，对周围的事物过分敏感。另外，这类人可能具有较高的艺术天分，每当设法利用自己的想象力时，便产生一系列丰富的想象。

5.121～150 分，这类人具有相当强的或者说过于丰富的想象力，拥有一个非常复杂的内心世界，因此这类人必须勇敢地面对日常生活中的许多现实问题。

第五章

思维突围，打开创意大门的金钥匙

判断一个人是否优秀，是看他外形是否漂亮，身体是否强壮，成长环境是否优越，还是看他的思维能力？一个民族是否强大，是看他人口的多寡，拥有土地空间的大小，历史的长短，还是看这个民族的智慧？答案，显而易见！

人类认识客观世界的过程就是大脑思维活动的过程，也是用思维解决问题的过程。是思维能力让人显得更杰出，让一个民族发展得更伟大。同样，企业竞争力的强弱，也不单纯取决于其产品种类的多少，不仅仅取决于其市场份额的多少，而是取决于这家企业的组织智商——企业核心团队的思维能力。

思维竞争是最高层级的竞争！不论是个体还是企业，甚至国家之间的竞争，其竞争的本质都是思维优势的竞争。不论是物质财富还是精神财富，都来自人的思想。新思想就是一种新货币，新思想就是一种新财富。

创意在于新！求新就要破旧，就要打破思维的墙，突破思维定式和思维惯性。只有思维突围了，创意的大门才能被打开。

一天，一个教授给听课的学生出了这么一道题：

一个聋哑人到五金商店买钉子，先用左手作持钉状，捏着两只手放在柜台上，然后右手作捶打状。售货员先递给他一把锤子，聋哑人摇了摇头，指了指作持钉状的两只手指。第二次，售货员终于拿对了。这时候，又来了一位盲人顾客……你们能否想象一下，盲人是如何用最简单的方法买到一把剪子的？

同学们陷入了思考，有的学生举手回答："很简单，只要伸出两个手指，模仿剪刀剪布的模样就可以了。"学生答完，全班同学表示同意。

这时候，教授说："其实，盲人只要开口说一声就行了。记住：一个人一旦进入思维的死角，智力就会在常人之下。"

不可否认，举手回答的同学就是进入了思维定式的死角。他觉得聋哑人可以通过比画买到钉子，盲人使用同样的方法定然可以服务员明白他要买什么。其实，聋哑人不能说话，要想让他人明白自己的意思只能依赖于比画；而盲人只是看不见，他们是会说话的，既然会说话为什么非要让人家比画呢？

要想打开创意的大门，就要从思维入手！创意的生成离不开活跃的思维，只有具备一定的思维能力，才能打开创意大门的金钥匙。

你的思维僵化了吗？

在每次开讲《策划创意》之前，我都会安排做一个测试，测试题都来源于网络（部分有改动）。

1. 在一个荒无人迹的河边停着一只小船，小船只能容纳一个人。两个人同时来到河边，都乘这只船过了河。请问：他们是怎样过河的？

2. 公安局长在茶馆里与一位老头下棋，正下到难分难解之时，跑来一个小孩。小孩着急地对公安局长说："你爸爸和我爸爸吵起来了。"老头问："这孩子是你的什么人？"公安局长回答说："是我的儿子。"请问：这两个吵架的人与公安局长是什么关系？

3. 篮子里有 3 个苹果，由 3 个小孩平均分。分到最后，篮子里还有一个苹果。请问：他们是怎样分的？

4. 已将一枚硬币任意抛掷了 9 次，掉下后都是正面朝上。现在你再试一次，假定不受任何外来因素的影响，硬币正面朝上的可能性是几分之几？

5. 抽屉里有黑白尼龙袜子各 7 只，假如你在黑暗中取袜，请问：（1）至少要拿出几只才能保证取到一双颜色相同的袜子？（2）最多要拿出几只才能保证取到两只颜色不同的袜子？

6. $5+5+5=550$，请问：（1）加一笔使这个式子成立；（2）加一笔使这个式子变为一个等式。

7. 假设在一间空屋子内，水泥地面上垂直地埋放着一尺左右长的一段底端封闭的钢管。钢管的内径略大于一只乒乓球的外径，恰好有一只乒乓球落在钢管的底部。现在，使用一下工具：50 米长的晒衣绳、一把木柄铁锤、一把凿子、一把钢制锉刀、一只金属晒衣架、一只电灯泡，把乒乓球从钢管中取出，但不准弄坏地面、钢管和乒乓球。

8. 在一个充气不足的热气球上，载着三位关系世界兴亡命运的科学家。第一位是环保专家，他的研究可以拯救人类因环境污染而面临死亡的厄运；第二位是核子专家，他有能力防止全球性的核子战争，使地球免于遭受灭亡的绝境；第三位是粮食专家，他能在不毛之地，运用专业知识成功地种植食物，使几千万人脱离饥荒。此刻热气球即将坠毁，必须丢出一个人以减轻载重，使其余的两人得以存活，请问该丢下哪一位科学家？

上述 8 道题如果你能正确回答的数量在 4 以下，说明你思维僵化的程度有些严重，需要"动手术"取出思维里的"墙"了。

美国著名哲学家约翰·杜威曾说："人基本上是一种由惯性铸成的动物。"由此构成了惯性思维这堵最厚重的"墙"——思维沿前一思考路径以线性方式继续延伸，并暂时地封闭了其他的思考方向。

惯性思维主要表现为：传统定式、书本定式、经验定式、名言定式、从众定式和麻木定式。前五个定式是指个人受到传统、书本知识、经验、权威、外界人群行为的影响，而在自己的知觉、判断、认识上表现出符合传统、书本、经验、权威和公众舆论或多数人的行为方式；麻木定式是指思维欠活跃，延续一种低水平的思维状态。

例如：

一位年轻有为的炮兵军官上任伊始，到下属部队视察操练情况，他在几个部队发现了相同的情况：在一个单位操练中，总有一名士兵自始至终站在大炮的炮管下面纹丝不动。军官搞不明白了，询问原因，得到的答案是：操练条例就是这样要求的。

军官回去后反复查阅了军事文献发现，长期以来，炮兵的操练条例仍因循非机械化时代的规则。在过去，站在炮管下士兵的任务是负责拉住马的缰绳，当时大炮是由马车运载到前线的。现在大炮的自动化和机械化程度很高，已经不再需要这样一个角色了，但操练条例没有及时调整，因此才出现了"不拉马的士兵"。

军官的这一发现使他获得了国防部的嘉奖。

还有一种思维障碍是偏见思维。爱德华·德·波诺在其《实用思维》中描述了一种常见的社会现象——乡村维纳斯效应："在偏僻的乡村，村里最漂亮的姑娘会被村民当作世界上最美的人（维纳斯），在看到外界更漂亮的姑娘之前，村里的人难以想象出还有比她更美的人。"在村里，这是事实，范围一扩大，这就是偏见。

基于我们的经验、利益、位置、文化等因素而导致思维有意识的明显偏颇，分别对应的是经验偏见、利益偏见、位置偏见和文化偏见。

例如，经验偏见：

> 甲、乙两人打赌。
>
> 甲：我可以用牙齿咬我的左眼，你信不信？
>
> 乙：不信，我们赌100元。
>
> 甲：（左眼是假眼）取出左眼，用牙齿咬。
>
> 乙：（输了100元）……
>
> 甲：我还可以用牙齿咬我的右眼，你信不信？
>
> 乙：不信（因为他不是盲人，不相信他右眼也是假的），我们再赌100元。
>
> 甲：取下假牙，拿到右眼上咬。
>
> 乙：……

其他还有很多，比如：面对大众质疑转基因主粮商业化的动机，转基因先生们会用"科盲""义和团""扒铁路、保龙脉"来回应的利益偏见；已经功成名就的人嘲笑追求名利的年轻人的位置偏见；以西医体系标准攻击分属另一体系的中医的文化偏见等都会阻碍正常思维能力的发挥，失去理想表达意见的机会。

在创意之前，只有尽量消除惯性思维和偏见思维，将思维归零，才能实现真正的"突围"。

发散思维

许多企业由于抗拒创新，因而变得既僵化又死板，即使是最富创意的人，在层层束缚下也日渐麻木、自闭。前车之鉴很多，但要避免重蹈覆辙，似乎是知易行难。其中的症结在哪里？规模并不是真理，企业再小，只要它没有创意，满足于现状，就没有前途可言。

——《创意学全书》

有学者做过这样的实验。

把玻璃瓶平放着，瓶底朝向窗户，装进 6 只蜜蜂和 6 只苍蝇。结果，蜜蜂不停地向着光源冲向瓶底，最后精疲力竭而死；而苍蝇四处乱飞，很快就找到瓶口逃了出去。

美国密歇根大学教授卡尔·韦克认为："这件事说明，实验、坚持不懈、试错、冒险、即兴发挥、最佳途径、迂回前进、混乱、刻板和随机应变，所有这些都有助于应付变化。"这就告诉我们，在外界环境快速变化的时代，冒险的、即兴发挥的、看似混乱的多向思维有助于找到解决问题的办法。

发散思维方法，又叫作辐射思维法，这种思维方法是从一个目标或思维起点出发，沿着不同方向，顺应各个角度，提出各种设想，寻找各种方法，解决具体问题。一个人越能用不同的方式来描述一个问题，他的视角就越宽广，就越有可能突破现状。

德国著名哲学家黑格尔说："你能找到一匹骆驼与一支笔的不同，我不会说你有什么了不起的聪明，因为它们两者的不同太多了；你能找到一棵槐树和一棵橡树的共同点，我也不会说你有什么了不起的聪明，因为槐树和橡树的共同点太多了。而聪明人往往能找到骆驼和笔的共同点，橡树和槐树的不同点。"

发散思维是创造性思维的最主要的特点，是测定创造力的主要标志之一。在思考的时候，解决问题的方法会自然地走到你的身边。只要用心思考，就会找出解决难题的办法。

发散思维是大脑在思维时呈现出来的一种扩散状态的思维模式，比较常见。这种思维方式的思维视野广阔，由一个中心概念出发，向四周发散出几十、几百、几千、几万种联想。这些联想涉及进入你大脑的每一个信息——每一种感觉、记忆或思想（包括每一个词汇、数字、代码、食物、香味、线条、色彩、图像、节拍、音符、纹路和肌理），将每一种可能的联想用图形表达出来，就出现了围绕中心概念的多个表达，从而呈现出多维发散状，如"一题多解""一事多写""一物多用""一意多形"等。

（一）发散思维的特点

通常来说，发散思维有这样几个特点。

1. 思维流畅，可以自由发挥

流畅性反映的是发散思维的速度和数量特征。

发散思维，可以在尽可能短的时间内生成并表达出尽可能多的思维观念，可以让我们以较快的速度适应、消化新的概念。有些人在思考问题的时候显得很机智，就和思维的流畅性有关。

2. 灵活，可变通

这种思维方式可以克服掉人们头脑中某种自己设置的僵化的思维框架，按照某一新的方向来思索问题。不过，为了实现变通需要借助于横向类比、跨域转化、触类旁通等，使发散思维沿着不同的方面和方向扩散，表现出极其丰富的多样性和多面性。

3. 言行独特

在发散思维中，人们会做出不同寻常的异于他人的新奇反应。

这种独特性也是发散思维的最高目标。

4. 多感官共同发挥作用

发散性思维不仅会使用到视觉思维和听觉思维，还会充分利用其他感官接收信息并进行加工。

除此之外，发散思维还与情感有着密切的关系。如果能够想办法激发自己对某一事物的兴趣，激励自己产生出激情，把信息感性化，赋予信息一定的感情色彩，定然会提高发散思维的速度与效果。

（二）发散思维的方法

那么，如何来实现发散思维呢？具体来说，可以采用这样一些方法。

1. 属性发散法

属性发散法有这样几种，如下表所示。

方法	说明
材料发散	以某个物品尽可能多的"材料"为发散点，想象它的多种用途
功能发散	从某事物的功能出发，构想出实现该功能的各种可能性
结构发散	以某事物的结构为发散点，设想出利用该结构的各种可能性
形态发散	以事物的形态为发散点，设想出利用某种形态的各种可能性
方法发散	以某种方法为发散点，设想出利用方法的各种可能性
组合发散	以某事物为发散点，尽可能多地把它与别的事物进行组合，形成一种新事物
因果发散	以某个事物发展的结果为发散点，推测出造成该结果的各种原因，或者由原因推测出可能产生的各种结果

民国年间，上海有个书商为了迎合潮流，出版了一些"畅销书"，致使速成版《求婚尺牍》应运而生。

有个书局老板约一位作者编写一本男子向女子求婚的尺牍，要求信件写法多种多样，措辞各异，反映求婚者不同的思想、愿望和要求，交稿时间越快越好，以抢时机。

作者接稿后，一阵头疼。且不说每封信件风格各异，单是短时间写完一本万言书也不是一件容易的事。后来他受多人文集的启发，异想天开，以才女的身份写了一则"征婚广告"登在报纸上。求婚信竟如同雪片般飞来，仅半月就收到 500 多封。后来，经过挑选、分类、编号、加按语，形成了 10 多万字的文稿。出版后，收到了良好的效果。

2. 逆向思维法

有这样一个故事。

一名已退休的大爷到省委大院找省委副书记反映问题，在门口被武警拦住。警卫问："大爷，您找谁？"大爷回答说："我找陶书记。"武警给书记办公室打了电话，得知没有这项安排，便拒绝大爷进入。大爷第二周再去，同样被拒。

大爷不甘心，回想被拒环节的点点滴滴，一下子明白了。第三个星期，他又一次来到了省委大院。武警问："大爷，您找谁？"大爷回答说：

"不是我找谁，是陶书记找我。"于是，大爷顺利进入。

其实，仔细想想，老大爷的经历我在九年前也经历过。

一天，我路过一家集团公司，突然想陌生拜访一下他们的董事长。在办公室门口，我被董事长的秘书拦住了。说明了意图之后，秘书说："我们老板很忙，没时间做计划外会见。"我接着她的话说："正因为他很忙，所以我要见他。请您转告他！"秘书进去通报，很快就出来邀请我进去了。

这就是典型的逆向思维的应用！

逆向思维是发散思维的一种重要形式，是发现问题、分析问题和解决问题的重要手段，有助于克服思维定式的局限性，是决策思维的重要方式。很多事情就像一扇既可以推开也可以拉开的门，重要的是要建立一种逆向思维的习惯。当习以为常的路径确认被封时，反过来试试，也许就会出现"柳暗花明又一村"的奇景。

逆向思维法可以分为属性逆向法、缺点逆用法、因果逆向法、心理逆向法、雅努斯思维法、黑格尔思维法等。

（1）属性逆向法

事物的属性是多向位的，可以从不同的角度去理解和观察，其性质也是可以相互转化的。例如：大—小、长—短、冷—热、轻—重、上—下、前—后、正—反、强—弱、有—无、动—静、多—寡、快—慢、增—减、生—死、出—入、始—末、水—火等属性。只要找出事物的属性，从它的对立面进行思考，也许就能产生优质创意。

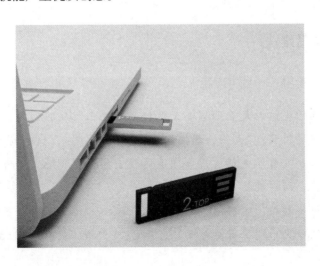

众所周知，U盘经常需要翻转好几次才能插入接口，很多人都觉得麻烦，被称为典型的反人类设计。为了解决这个问题，安徽建筑大学学生邓兴兴、申书润设计出了一种双向U盘（2-TOP），获得了2013年度红点设计大奖。该双面2-TOP U盘接口采用了一种超薄设计，取消了传统的矩形金属框；同时，在金手指的两面都封装了金属触点，插入USB可以一次成功。

（2）缺点逆用法

缺点逆用法的核心就在于转化显著的"缺点"为"优点"，强调的是反过来如何直接利用这些缺点，做到"变害为利"。通常来说，都是按照下面的步骤确定事物"缺点"的。

- 确定一个对象，可以是一个东西、一件事，甚至一个人
- 尽可能列举这一对象的缺点和不足
- 归类、整理已发现的缺点
- 针对最重要的缺点进行分析，发现这个缺点的反面，实现弊利逆转

在美国新墨西哥州的高原地区，有一位经营苹果的商人叫杨格。杨格种植的"高原苹果"味道好、无污染，在国内市场上很畅销。可是有一年，在苹果成熟的季节，一场冰雹袭来，把满树的苹果打得遍体鳞伤，当时杨格已经预定出了9000吨"质量上乘"的苹果。

面对这突如其来的天灾，一般果农都会采取降价处理，自己承受其中的经济损失了。但是杨格具有出色的应急智能，善于把"不利"因素变为"有利"因素。他仔细看了受伤的苹果，在伤疤上做文章，想出了对策。

杨格拟订了一段广告词：

本苹果园出产的高原苹果清香爽口，具有妙不可言的独特风味；请注意苹果上被冰雹打出的伤疤，这是高原苹果的特有标记。请认清伤疤，谨防假冒。

结果，这批受伤的苹果极为畅销，以致后来经销商专门请他提供带伤疤的苹果。

通过缺点逆用，确定"卖出苹果"为思维对象，苹果的缺点是有伤疤，卖相不好；针对"卖相不好"这个缺点，它的反面就是没有伤疤——伤疤不是伤疤，它是高原苹果特有的标记，从而使劣势变成了优势。

（3）因果逆向法

即倒因为果、倒果为因的方法，类似于"以毒攻毒""以酒解酒"。疫苗的出现就是一种颠倒因果的创新。

据文献记载，早在宋朝人们就已经想到用事物的结果去对抗事物的原因了。当时，人们把天花病人皮肤上干结的痘痂收集起来，磨成粉末，取一点吹入天花病患者的鼻腔。后来，这种天花免疫技术经波斯、土耳其传入欧洲。18 世纪，天花在欧洲广泛流行，英国医生爱德华·琴纳（1749—1823 年）采用"疫苗—免于生病"的倒果为因思维，经过 20 多年刻苦研究，终于研制成功了能使人获得对天花的永久免疫力的牛痘疫苗，挽救了无数生命。

（4）心理逆向法

心理逆向法是指，在思考的过程中明确对方的所思所想，预测其心理反应，构建一个与对方思维出发点相反的情景，或沿着对方思维在关键点进行"正—反""主—客"等置换。

> 法国著名农学家安芮·帕而曼切在德国当俘虏时吃过土豆，回到法国后，便在法国开始推广土豆，但大众并不接受。由于大家从没见过，谣言四起。有人把它看作是"鬼苹果"；有医生认为它对健康有害；农业专家甚至断言，土豆会使土壤变得贫瘠。
>
> 后来，安芮·帕而曼切想出了一个怪招：他先游说国王，允许其在有名的低产田上栽种土豆。同时，获准白天由全副武装的国王卫队看守，晚上卫队就撤离。
>
> 周围的人感到很奇怪，据此判断，地里种的一定是珍贵的东西。于是，晚上便溜进田里，偷些土豆种在自家的地里。渐渐地，土豆就成为了法国餐桌上常见的食品。

这是基于大众不接受新事物的现状从"送者贱、求者贵"的认知出发构建的心理逆向情景，成功地推广了土豆的种植。

创意小点子

美国有位销售大师受邀参加一个收视率非常高的电视脱口秀节目，主持人想为难一下销售大师，在销售大师上台前，就煽动现场观众，无论销售大师推销什么产品，大家都不要买。

销售大师上台后，主持人恭维说："您是美国最著名的推销专家，很荣幸能请到你。"销售大师一阵谦虚后，主持人说："您能不能现场销售一件商品，展示一下您高超的技能？"

大师知道，这明显是一个局，可是只能接招。大师很镇静，问主持人："您想让我卖什么东西呢？"主持人看到桌上有只茶杯，就把杯子举起来，说："您就卖这只杯子吧。"

大师："您为什么要我卖这只杯子呢？"主持人："这只杯子多好啊，外观漂亮，做工也精致。"

大师又问："那您觉得这只杯子值多少钱呢？"主持人得逞式的坏笑："我认为值 8~10 美元。"

大师微微一笑："那您就以 8 美元买下这只杯子吧。"

（5）雅努斯思维法

雅努斯是罗马神话中的一尊两面神，其头前后各有一副面孔，一副看着过去，一副注视未来。雅努斯思维就是一种对立统一的思维方式，即把对立的思想、相互矛盾的事物或现象放在一起同时去认识思考、推理评判，考虑它们之间的关系，相似之处、正与反、相互作用等，然后创造出新事物。

物理学家戴维·博姆认为，天才之所以能够提出各种不同的见解，主要就在于他们可以容纳相对立的观点或两种互不相容的观点。比如：爱迪生允许两种互不相容的事物同时存在，所以他发明了并联线路与高电阻细金属丝相结合的实用照明装置，而常人认为这两样东西根本不可能结合。

普通茶壶通常只有一个竖向的把手和一个壶嘴，人们围成一桌喝茶时经常觉得不方便——要先转动茶壶，将把手转到顺手的地方才能拿起来倒茶。能否在四个方向都设置壶嘴呢？有个人便将把手做了调整，设计出了一个环形的把手，于是问题得到了解决。这样一来，桌子周边的人都可以方便地倒茶了。

（6）黑格尔思维法

黑格尔思维法又称黑格尔三三式思维，是用正、反、合三方面来分析事物的方法。即先确定一种想法，找出它的反面，然后试着把两者融合成第三种想法，从而形成一种独立的新想法。

例如，罢工会引起很多负面反应，特别是公共服务行业，会给罢工者造成很大的社会压力。如何通过罢工既能使资方同意自己的要求，又能使罢工对利益相关的第三方影响最小呢？墨尔本的公交车司机发明了一种"积极罢工法"：他们在岗位上上班，但不收乘客车费。他们很明显就是在罢工，但不会引起大众不满，还会使资方感受到不得不马上解决的压力。

"积极罢工法"就是从罢工的正、反面融合产生的第三种想法。

3. 侧向思维法

侧向思维又称"旁通思维"，是发散思维的又一种形式。《孙子·军争》："先知迂直之计者胜，此军争之法也。"强调了侧向思维的重要性。

侧向思维的思路、方向不同于正向思维、逆向思维或立体思维，它是沿着正向思维的旁侧开拓出新思路的一种创造性思维。更多的时候，侧向思维是利用其他领域里的知识和技能，从侧面迂回地解决问题的一种思维形式，组合创意是典型的侧向思维法。

你能用6根火柴，在一个平面上拼成4个正三角形吗？如同只用四笔做九点连线，多数人是无法从三角形边长与火柴长短的关系的侧面进行思考的，因此一般都很难得到答案。如果我们从侧面思考，突破边长就是火柴长度的先入为主的假设，就可以拼出如下的图形，正好是4个正三角形。

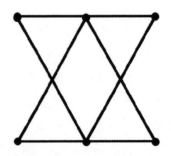

插线板是家庭和办公室常用的工具，尽管上面有很多组合插孔，但由于插头的大小不一，常常会相互干涉，因此很多时候都不能同时使用，利用率大幅降低，人们不得不增加串联插线板或更换更多插孔的插线板。其实，稍

稍"侧"下我们的思维，就可以创意设计出一种可以旋转的插线板，很好地解决这个问题。

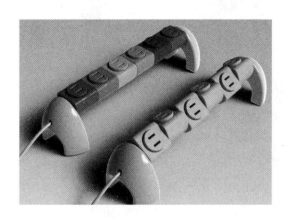

4. 立体思维法

有4个相同的瓶子，怎样摆放才能使其中任意两个瓶口的距离都相等呢？

如果没有立体思维，这个问题是没有办法解决的。

立体思维是发散思维的另一种重要形式，也称"空间思维"或"多维型思维"，是指跳出点、线、面的限制，从上下左右、四面八方去思考问题。很多事物是立体思维的结果，例如：摩天大厦、高架桥、轻轨、地铁等。

把上面用火柴摆三角形的问题改动一下：

你能用6根火柴，拼成4个正三角形吗？

上一个问题有"在一个平面上"的限制，这个问题意味着我们可以正向、侧向、立体方向进行思考。从侧向思考已能解答这个问题了。立体思维呢？

立体图形、正三角形，组合起来是不是三棱锥？只要把6根火柴摆成一个正四面体，4个正三角形就出现了。同样，让4个平瓶口成为一个正四面体的4个顶点，它们相互之间的距离就相等了。

如果把立体思维用在解决插线板的问题上，就会设计出一个立体插座组合。荷兰Allocacoc公司就设计了一款魔方插座，荣获2014年红点设计奖。此款插座造型小巧，设计紧凑，合理地利用了每一面，即使插着大的电源适配器也不会阻挡其他插头。还可以充分利用彼此的兼容性，根据特定需求来进行组合，搭建成魔方插座。

立体思维在交通方面被充分运用，立体交通到处可见。面对城市建筑争建摩天大楼、向空中发展的趋势，用立体思维还会有什么新创意？

向地下发展是什么？摩地大楼！2011 年墨西哥"地堡"（BNKR）建筑师事务所宣布，要在首都墨西哥城建造一座 300 米"低"的地下大楼。BNKR 创始人伊斯塔班·苏亚雷斯为此专门创造了一个新词：摩地大楼（Earth Scraper）。

（三）发散思维的思维导图

在利用发散思维时，可以是个人发散，也可以是集体发散。思维导图是一个重要工具。

思维导图是发散性思维的自然表达，是一种非常有效的图形技术，是打开思路、挖掘潜能的钥匙，是思考具体化的方法。

概括起来，利用思维导图发散要经历这样几个步骤。

第 1 步：喷射式的发想

确定中心概念后，快速地在这个词四周的引线上写出数个联想到的单个关键词，不能停下来选词，要把进入脑海的第一个词写下来。不要管这些词是否很荒诞，这往往是打破旧的限制习惯的关键。

第 2 步：深入联想

对写下的词进行进一步的联想。把这个词作为卫星词，再做发散性联想。按照它发散的本质，每个加到思维导图上的关键词或图形都可以自成一体地产生无穷多的联想的可能性。

第 3 步：寻找关联

暂停下来，仔细看看所生成的众多想法，找出与众不同的新元素或令自己激动的亮点；在不同的枝节上，可能会找到一定的联系，发现并把它们联系起来。需要注意的是：距离中心词越远的元素创新性越强；两个元素的距离越远，一旦发生意义关联或形式关联，则创意越新。

第 4 步：提出方案，画草图

把有价值的想法提出来，结合、围绕要解决完成的主题做进一步联想、完善，开发没被使用或没被引起注意的新元素，用最少的元素、最简洁的方式表达创意，完成思维图草图设计。

进行发散思维时，方向可以从发散对象的相容关系、相关关系、相似关系、相对关系、无关关系五个方面进行思考。

例如，需要对"田园别墅"进行发散思维，可以这样发散。

（1）相容关系

指发散对象 A 包含 B。田园别墅包含的元素有：庭院、客厅、书房、厨房、卧室等。对庭院进一步联想，可以想到菜地，再进一步就能想到苹果等。客厅、书房灯元素均可按此进行发散，最后联想到沙发、古典、四书五经、国学、菜刀、张小泉、席梦思、棕树等元素。

（2）相关关系

指发散对象 A 与 B 相关。与田园别墅相关的元素有：乡村、房管局、农民等。再进一步发散，可以联想到老宅、古董、公章、圆、夜校、互联网等元素。

（3）相似关系

指发散对象 A 与 B 相似。与田园别墅相似的元素可以是：四合院、庄园、流水别墅等。再进一步发散，可以联想到北京、长城、刘文彩、成都、瀑布、贵州等元素。

（4）相对关系

指发散对象 A 与 B 相对或相反。与田园别墅相对的元素可以是：城市、洋房、公寓等。再进一步发散，可以联想到汽车、限行、花园、天线宝宝、电梯、一见钟情等元素。

（5）无关关系

指发散对象 A 与 B 无关。与田园别墅无关的元素更多，可以是：珠穆朗玛峰、火车、大数据等。再进一步发散，可以联想到大本营、帐篷、子弹头、铜矿、云、香格里拉等元素。

对"田园别墅"发散后用思维导图示意如下。

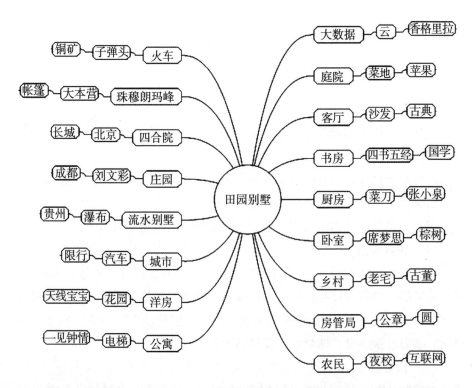

需要注意的是：不加限制，自由发挥，追求发散的数量，暂时不做评价。

📎 创意小点子

一家房地产公司在南方的一个海滨城市新建了一栋楼，楼里有几十个黄金铺位，公司准备将它们拍卖。拍卖当天，竞拍者多达数百人。拍卖从最好的一个铺位开始，起价50万元。

"50万元。"拍卖师话音刚落，一位中年人突然叫了起来："100万元。"顿时，整个拍卖场安静了下来。大家你看看我，我看看你，都傻了眼。结果，第一个铺位以100万元成交。

接着，拍的是第二个铺位，开价30万元。拍卖师一开价，便有人喊出了40万元，接着就有人喊出50万元……争抢的人很多，气氛一下子热烈起来。最后，第二个铺位以140万元成交。

在拍卖中，以100万元获得第一个铺位的竞拍者成了最大的赢家。记者采访了他，他说："根据多年的经验，这个铺位一定会超过100万元。所以拍卖师一出价，我就把价格抛到了自己认为的理想价位上。幸亏，其他人还没有做好思想准备，处在观望状态……"

聚合思维

创意是点子但又不是点子。点子是针对某一件事而言的计谋与对策，而创意尽管也是办事的对策与计谋，但它要完整系统得多，而点子可能是其中某一个闪光点、关节点。遗憾的是狭义上人们也常把创意理解为点子。即它不是一个点，而且可以是一条线、一个面、一个体、一个局……一连串局，它不但可针对事件系统，也可包括文学艺术、哲学科学发现的所有智力领域。

——陈放

聚合思维是指，从多种思维角度聚焦某一个问题点，进行一种有方向、有条件、有逻辑关系的思考，以求得唯一合理结果的收敛式思维方式，又称为求同思维法、集中思维法、辐合思维法和同一思维法等。

我们先来看一个故事。

第一次世界大战期间，法国和德国交战时，法军的一个旅司令部在前线构筑了一座极其隐蔽的地下指挥部。指挥部的人员深居简出，十分诡秘。不幸的是，他们只注意了人员的隐蔽，而忽略了长官养的一只小猫。

德军的侦察人员在观察战场时发现：每天早上八九点钟左右，都有一只小猫在法军阵地后方的一座土包上晒太阳。德军依此判断：（1）这只猫不是野猫，野猫白天不出来，更不会在炮火隆隆的阵地上出没；（2）猫的栖身处就在土包附近，很可能是一个地下指挥部，因为周围没有人家；（3）根据仔细观察，这只猫是相当名贵的波斯品种，在打仗时还有兴趣玩这种猫的绝不会是普通的下级军官。

据此，他们判定那个掩蔽之处，一定是法军的高级指挥所。随后，德军集中六个炮兵营的火力，对那里实施猛烈袭击。事后查明，他们的判断完全正确，这个法军地下指挥所的人员全部阵亡。

这是综合多条蛛丝马迹的信息后，通过聚合思维得出的判断，包拯、福尔摩斯等都是聚合思维的高手。

（一）聚合思维的特征

聚合思维具有这样一些特征。

1. 封闭性

聚合思维是把许多发散思维的结果由四面八方集合起来，选择一个合理的答案，具有封闭性。

2. 连续性

发散思维的过程，是从一个设想到另一个设想，具有一定的连续性。

3. 收敛思维

聚合思维是一环扣一环的，具有较强的连续性。

4. 求实性

发散思维所产生的众多设想或方案，一般来说多数都是不成熟的、不实际的。我们必须对发散思维的结果进行有效的筛选。被选择出来的设想或方案是按照实用的标准来决定的，是切实可行的，这样聚合思维就会表现出很强的求实性。

5. 聚焦法

这种思维方式会围绕问题进行反复思考，有时甚至停顿下来，使原有的思维浓缩、聚拢，形成思维的纵向深度和强大的穿透力。在解决问题的特定指向上思考，积累一定量的努力，最终达到质的飞跃，顺利解决问题。

（二）聚合思维的方法

聚合思维的具体方法很多，常见的有抽象与概括、归纳与演绎、比较与类比、定性与定量等。

1. 抽象与概括

抽象是一种思维过程，通过性状的比较，找出同类事物的相同与不同的性状，把不同的性状舍弃，把本类事物有的、其他类事物没有的性状抽取出来。例如：把各种果实拿来比较，相同的地方是都有果皮和种子。可以选取的不同维度是：有的能吃，有的不能吃；有的长在地下，有的长在地上；有的果皮坚硬，有的果皮柔软；颜色，五彩缤纷；大小，各有不同。把不同的性状去掉，取出"坚硬的果皮和种子组成的闭果"这一共性特征进行考察，就是抽象思维。

概括也是一种思维过程，是在抽象的基础上进行的。例如：对猫、兔、牛、虎、猴等动物进行比较后，抽象出它们的共同特征是"有毛、胎生、哺乳"，在思想上联合起来就会形成"哺乳动物"的概念。

2. 归纳与演绎

归纳法又称归纳推理，是从特殊事物推出一般结论的推理方法，即从许多个别事实中概括出一般原理。例如，实践中人们经常会接触瓜、豆这等事物，通过反复实践，就会逐步认识到"种瓜得瓜、种豆得豆"的真谛，然后经过分析、推理就会得出一个一般性的认识：龙生龙，凤生凤，所有生物都有遗传现象。这个过程就是一个归纳的过程。

演绎法又叫演绎推理，是从一般到特殊，即用已知的一般原理考察某一特殊的对象，推演出有关这个对象的结论。例如，所有的生物都有遗传现象。从这个原则出发，就可以引申出：老鼠也是生物，所以"老鼠的儿子会打洞"。这是由演绎推理而得出的一个结论。

在认识过程中，归纳和演绎是相互联系、相互补充的。

3. 比较与类比、分析

比较、类比和分析是一种联动性思维，不仅可以激发人们的情感，还启发人们的智慧，提出独特性的方法。要通过对相关知识进行比较、类比和分析综合，按照"发散→聚合→再发散→再聚合"和"感性认识→理性认识→具体实践"的认知过程，培养自己的创造能力。

4. 定性与定量分析

定性分析就是对研究对象进行"质"的方面的分析，运用归纳和演绎、分析与综合以及抽象与概括等方法，主要凭借分析者的直觉、经验，对获得的各种材料进行思维加工，从而对分析对象的性质、特点、发展变化规律作出判断的一种方法。

定量分析就是通过统计调查法或实验法，建立研究假设，收集精确的数据资料，然后进行统计分析和检验的研究过程。

在聚合思维过程中，可以利用定性和定量分析方法对单个创意进行分析，也可以对一组创意进行评价。

> 明朝的时候，江苏北部曾经出现了可怕的蝗灾，徐光启决定去研究治蝗的方法。他收集了自战国以来 2000 多年有关蝗灾情况的资料。在浩如烟海的材料中，他注意到 151 次蝗灾中，发生在农历四月的 19 次，发生在五月的 12 次，六月的 31 次，七月的 20 次，八月的 12 次，其他月份总共只有 9 次，从而他确定了蝗灾发生的时间，大多在夏季炎热时期，以六月最多。
>
> 另外，徐光启还从史料中发现，蝗灾大多发生在河北南部，山东西部，河南东部，安徽、江苏两省北部。为什么多集中于这些地区呢？原

来蝗灾与这些地区湖沼分布较多有关。他根据自己的研究成果，向皇帝呈递了《除蝗疏》。

徐光启不是研究昆虫的专家，但他通过归纳、概括、定性与定量分析，发现了蝗灾发生的规律，从而找到了除水草、灭幼虫等治灾方法。

（三）聚合思维的实施步骤

在应用聚合思维方法时，一般要经过下述三个步骤。

第一步，收集掌握各种有关信息。

通过多种方法和途径，收集和掌握与思维目标有关的信息，而且资料信息越多越好，这是选用聚合思维的前提。有了这个前提，才有可能得出正确结论。

第二步，对掌握的各种信息进行分析和筛选。

这是聚合思维的关键步骤。

首先，对所收集到的各种资料进行分析，找出它们与思维目标的相关程度，把重要的信息保留下来，把无关的或关系不大的信息淘汰掉。

其次，经过清理和选择后，对各种相关信息进行抽象、概括、比较、归纳，找出它们的共同特性和本质特点。

第三步，得出结论。

创意小点子

一天，一个煤矿发生了瓦斯爆炸，唯一的出口被堵得严严实实，五名矿井工人被困在其中。幸运的是，矿井里备有少量的食物和水源，这给他们赢得了机会。

时间缓缓地走着，一个星期很快就过去了，这几名矿工始终都没有听到救援队的声音。有人开始烦躁起来，有人发出了凄厉的叫声，大家感觉身心都要崩溃了。

突然，黑暗中传来"啪"的一声，立刻一个声音传来："谁打我？"其余四个人都为自己辩解，可被打的那个人就是纠缠着他们不放，挨个审问。结果，没有出现想要的结果，事情也就不了了之了。

过了一会儿，又听到"啪"的一声，又有人挨打了，洞内马上传来了一阵吵嚷声……就这样，时间在不时的吵嚷声中悄悄流逝着。23天后，他们终于获救了。

躺在医院里，一个矿工问："究竟是谁在打人？"一位矿工笑着说："都是我打的。""你疯了吗？"矿友问。"不。"他笑着回答，"我这样做，是为了提醒大家，我们必须活着。"

头脑风暴

创造力是每一个人都有可能发展的一种能力。把创造力限制在少数科学家、文学家和艺术家的多产创作上是一种陈腐的观念……创造性是每一个人作为人类的一员都具有的天赋潜能，它和心理健康的发展密切相关，在心理健康发展的条件下，人人都可以表现出创造性。

——美国著名社会心理学家　马斯洛

头脑风暴法来自"头脑风暴"一词。"头脑风暴"最早是精神病理学上的一个用语，是针对精神病患者的精神错乱状态来说的。现在是指一种无限制的自由联想和讨论，主要目的是产生新观念或激发新设想，是一种集思广益的群体思维法。

在群体思维和决策中，群体成员的心理会相互作用、相互影响，容易产生从众效应、权威效应等所谓的"群体迷思"。这种群体迷思不仅会削弱群体的质疑精神和创造力，还会损害创意的质量。

为了保证群体思维的创造性，提高创意质量，管理层便出台了一系列改善群体决策的方法，头脑风暴法是较为典型的一个。

（一）采用头脑风暴法对会场的要求

要想充分发挥好头脑风暴的作用，必须准备一个让人觉得自由的场地。

第一，参加会议的人能自由地发言，能在会场自由地走动和站立。

第二，把参加会议的人的每一个设想，不论好坏都完整地记录下来。既可以把想法记到白色书写板或翻页纸上，也可以在两面墙上都贴上新闻用纸，或把各自的想法写在便利贴上，贴在玻璃窗上。

第三，记录想法的地方越大，参加会议的人提出的想法就越多。

第四，布置一些跟主题相关的、能激活思路的信息、道具或工具。

第五，尽量提供与之匹配的背景音乐和环境气味。

（二）头脑风暴法对参与人员的要求

头脑风暴小组一般由下列人员组成：

方法论学者——会议的主持者。

设想产生者——专业领域的专家。

分析者——专业领域的高级专家。

演绎者——具有较高逻辑思维能力的专家。

通常对参加会议的人的要求有两个：

第一，参加会议的人要对风暴的对象有独到的见解，具备较高的联想思维能力并乐于表达出来。

第二，将参加会议的人数控制在一定范围内。如果参加会议的人太多，发言的间隔时间太长，会冷却参与者的思考热度；同时，还会增加出现雷同想法的可能性，降低会议效率。一般情况下，将与会人数控制在 6~8 名最合适。

（三）选择合适的议题

选择一个合适的议题至关重要。议题不能过大，太过宽泛，如"怎样解决温室效应"，就让人感觉虚无，无处入手；议题不能太窄，太过浅显，如"今天穿什么鞋子"，就让人没有发挥空间。最好选择一些具有一定深度和想象空间的话题。

通常来说，新颖的或带点挑战性的议题最适合，比如：要使产品销售增长，可以问"如何增加产品销量"，也可以问"怎样才能使产品销量增加30%"。显然，后一个问题比前一个问题更适合做议题。

通常选择议题是按明确议题、分解议题、确定层级、议题聚焦的程序来进行。

选对议题，思考方向和回答内容就会随之改变。

（四）头脑风暴法的原则

头脑风暴法应遵守如下原则。

1. 自由畅想

参加者不应该受任何条条框框的限制，要放松思想，从不同角度、不同层次、不同方位大胆地展开想象，尽可能地标新立异，提出独创性的想法，让思维自由驰骋，创造一种自由、活跃的气氛。头脑风暴的关键是，激发参与者提出各种荒诞的想法。

2. 暂缓评价

对各种意见、方案的评判必须放到最后阶段，此前不能对任何人的任何意见提出任何批评和评价，不管其是否适当、可行或荒诞不经。

3. 以量求质

想法越多，产生好创意的可能性越大，必须求量为先，才能以量生质。

4. 综合改善

不仅要敢于提出自己的意见，还要鼓励参加者在别人的构想上进行补充、改进和综合产生新的构想，相互启发、相互补充和相互完善。

（五）头脑风暴法的操作程序

1. 准备阶段

创意负责人要事先对所议问题进行一定的研究，弄清问题的实质，找到问题的关键，设定解决问题所要达到的目标。

然后，将会议的时间、地点、所要解决的问题、可供参考的资料和设想、需要达到的目标等事宜一并提前通知与会人员，让大家做好充分的准备。

2. 热身阶段

为了营造一种自由、宽松、祥和的氛围，让大家得以放松，进入一种无拘无束的状态。主持人宣布开会后，要先说明会议的规则，然后随便谈点有趣的话题或问题。如果所提问题与会议主题有着某种联系，人们便会轻松自如地导入会议议题，效果自然更好。

3. 明确问题

主持人简明扼要地介绍一下有待解决的问题。介绍时，要简洁、明确，不要过分周全；否则，过多的信息会限制人的思维，干扰思维创新的想象力。

4. 重新表述问题

经过一段讨论后，大家对问题已经有了较深的理解。这时，为了使大家对问题的表述具有新角度、新思维，主持人或书记员要将大家的发言记录下来，并对发言记录进行整理。通过对记录的整理和归纳，找出富有创意的见解，以及具有启发性的表述，供下一步畅谈时参考。

5. 畅想阶段

畅想是头脑风暴法的创意阶段。为了使大家能够畅所欲言，需要制订的规则如下。

第一，不要私下交谈，以免分散注意力。

第二，不要妨碍他人发言，不去评论他人发言，每人只谈自己的想法。

第三，发表见解时要简单明了，一次发言只谈一种见解。

主持人首先要向大家宣布这些规则，随后引导大家自由发言、自由想象，使彼此相互启发、相互补充，真正做到知无不言、言无不尽、畅所欲言，然后将会议发言记录进行整理。

6. 筛选阶段

会议结束后的一两天内，主持人应向参加会议的人了解大家会后的新想法和新思路，补充会议记录。然后，将大家的想法整理成若干方案，再根据设计的一般标准进行筛选。经过多次反复比较和优中择优，最后确定 1 ~ 3 个最佳方案。

（六）头脑风暴法的实施方法

1. 提出论题

2. 制作背景资料

头脑风暴背景资料是置于参与者的邀请函中，提供会议背景资料的：会议的名称、论题、日期、时间、地点、规则、程序等。论题以提问的形式描述出来。背景资料要提前分发给予参与者。

3. 选择参加会议的人

4. 创建引导问题

在头脑风暴过程中大家的创造力可能会逐渐减弱。这个时候，主持人应该找出一个问题来引导大家回答，借以激发创造力，比如：换一种方式（材料、功能等）会不会更好？最好在开会前就准备好一些诸如此类的引导问题。

5. 会议的进行

• 主持人要负责领导着头脑风暴会议并确保遵循基本规则。一般会议分以下几步骤。

• 热身阶段，向缺少经验的参加会议的人展示一下这种没有批评的氛围。举出一个简单的论题用头脑风暴法来讨论，比如：这个时候停电了会怎样

• 主持人宣布论题，如果有需要再做出进一步解释

• 主持人向头脑风暴小组征求意见

• 如果没有当即提出的设想，主持人要提出引导问题来激发大家的创造力

• 所有参加会议的人各自说出自己的想法，由记录员做记录

• 为表述清楚，参加会议的人要对自己的设想加以详细阐述

- 时间到，主持人依照会议宗旨将所有设想进行整理并鼓励大家讨论
- 把所有设想归类
- 回顾整个列表，保证每个人都理解这些设想
- 去除重复的设想和显然难以实现的设想
- 主持人对所有参加会议的人表示感谢并依次给予赞赏

6. 过程

鼓励参与者把不能陈述的主意记录下来，迟一点再提出。

记录员应该给每个主意编号，以便主持人能使用这些号码鼓励参与者提出更多的建议来达到目标，例如：主持人说：我们已经有 56 条，让我们达到 60 条吧！

记录员要口头重复自己的逐字记录，确保所记内容与提出者想要陈述的意思相吻合。

当同时有很多主意被提出时，与主题最相关的具有优先权。

7. 评估

头脑风暴并不是为了提出主意让他人去评估和选择。通常在最后阶段，本组成员会自己评估这些主意并从中挑选出解决问题的方法。

（1）被挑选出来的解决方案不应要求小组成员拥有不具备或不能获得的技能和资源。

（2）如果必须要这种额外资源或技巧，在解决方案的第一部分就必须提出来。

（3）要有一个衡量整个过程进展和成功的方法。

（4）贯彻整个解决方案的每一步都必须对小组成员透明，并有责任分配给每一个人，以便他们在其中担任重要的角色。

（5）在项目还未明朗时，必须有一个共同的决策过程来推进协作努力的成果，并对任务进行重新分配。

（6）在重要转折点上，要有一套评判标准来决定小组讨论是否朝着最终的答案行进。

（7）在整个过程中需要不断鼓励，让参与者保持他们的热情。

创意小点子

1956 年斯大林逝世后，赫鲁晓夫在苏联共产党的一次代表大会上再次揭露、批判斯大林肃反扩大化等一系列错误。有人从听众席上递了一张纸条给讲台上的赫鲁晓夫。

赫鲁晓夫打开来一看，上面写着："那时候你在哪里？"这个问题之尖锐直指核心。这个时候，赫鲁晓夫不能不回答，选择回避就等于承认自己的懦弱和自私；直接说明理由又没有说服力，显现不出自己是领袖的权威。如果你是赫鲁晓夫，你会怎么办？

赫鲁晓夫拿起条子，大声念了一遍上面的问题，然后望着台下，说："这是谁写的条子？请你马上站出来，走上台！"没有人站出来。会场静得一根针掉在地上都听得见，所有人的心都在怦怦地跳，不知赫鲁晓夫到底要干什么。写条子的人更是忐忑不安，懊悔不已，心里很清楚赫鲁晓夫如果真要查下去，一定会查到他就是写条子的人。

接着，赫鲁晓夫又大声重复了一遍："请写条子的人站出来！"会场仍然一片寂静。几分钟过去了，赫鲁晓夫终于又开口了，他平静地说："好吧，我来回答你的问题，我当时就坐在你现在坐的那个地方。"

第六章

方法突围，疯狂创意的点石成金技法

创意能力是如何产生的？是与生俱来，还是后天练就？是无心偶得，还是勤奋所赐？对此有很多观点。荷兰一位作家曾断言："在思想的境界里，方法如同拐杖；真正的思想者能行走自如。"他认为，优秀创意人似乎从不依赖特定的方法，他将成功归功于直觉、创造力与专业能力。其实，这些都是可以训练的，特别是专业能力更是建立在专业方法的精通上。因此，创意需要方法。

方法是创意人的创意工具，甚至是创意加速器，可以让有天赋的人走得更远，可以让普通人跟上天才的步伐。人们在实践中总结的创意方法有很多，常见的、更多人使用的方法有：SCAMPER 创意法、TRIZ 萃智法、信息交合法、联想创意技法、组合创意技法、类比创意技法、灵感创意技法、克劳福德纸片法、属性列表法等。其中，SCAMPER 创意法、TRIZ 萃智法、信息交合法是系统性方法；而联想创意技法、组合创意技法、类比创意技法、灵感创意技法则是具体性方法。这些方法相互之间会有交叉，含义可能略有不同，我们可以选择自己更喜欢或更易接受的方法多加练习和应用。

创意是延续人类文明的火花，借助它的力量，我们就可以把不可能变为可能，把不相关的因素联系到一起，激发出新的创意火花。创意不是天才的专利，而是存在于每个人的心中。在这个世界，创意可以让我们重新找回工作和生活的乐趣，让我们生存得不简单，让我们减少毫无目的的奔波，让我们的生命平衡而放松。

在一望无际的大海上，波涛此起彼伏，海中岛礁不可捉摸。当水手想躲开它时，它却会悄悄出现；当水手想寻找它时，它却迟迟不肯露面，消隐得无影无踪。水手将这些岛称为"魔岛"。其实，"魔岛"就是大家熟知的珊瑚岛，没有珊瑚长时间的积累是生长不出来的。

创意的产生，有时就像詹姆斯·韦伯·扬提出的"魔岛"一样，它们会在创意人的脑海中悄悄浮现，神秘不可捉摸。

创意的出现要经历多次的孕育、努力和培养，才能最终获得。在资讯发达的现代，要想获得好的创意，必须掌握更有效的方法、通过更多努力才行；只有方法突围了，才能找到点石成金的手指！

SCAMPER 创意法

SCAMPER 创意法是一种综合性思维政策，是 1971 年美国教育管理者罗伯特·艾伯尔在头脑风暴法首创人艾利克斯·奥斯本的成果基础上提出来。它能帮助我们从习惯性的思维中脱身出来，从不同纬度发现更多的想法。

SCAMPER 是由英文中的七个单词或短语的首字母构成，它们分别是：

S – Substitute：替代。有哪些因素可以被替代？

C – Combine：合并。有哪些因素可以合并？

A – Adapt：改进。有哪些因素可以改进？

M – Modify（magnify or minify）：调整。哪些方面可以调整（放大、缩小等）？

P – Put to other uses：一物多用。还可以用在什么地方？

E – Eliminate：去除。有哪些因素可以删除、减少？

R – Reverse（rearrange）：颠倒、重组。哪些因素可以逆转或重新安排？

（一）Substitute：替代

可以用来替换的内容包括：物品、地方、过程、人群、思想、方法等，在创意过程中可以针对所有属性进行"替代"尝试。

在使用这种方式的时候，可以从这些问题中找到方向。

- 什么可以被替代？是人？是事？是物？
- 有哪些可以被替代的成分和材料？
- 哪些地方可以被替代？
- 哪些方法可以被替代？
- 有哪些制度、规则可以被替代？

……

类似的问题可以提出很多。

1. 什么可以被替代

分析创意输入，找到哪些因素可以被替代。

人可以被替代吗？因此，出现了机器人、替身演员、假期女友等很多可以替代的方式。

事可以被代替吗？因此，出现了围魏救赵、曲线救国、坏事变好事等典故。

物可以被替代吗？因此，出现了代步车、替代品、购物车等产品或服务。

一次性纸杯就是一次用"替代"产生的伟大发明。1907 年休·摩尔进入哈佛大学时，比他大一岁的哥哥劳伦斯发明了纯净水自动售卖机，但纯净水自动售卖机中使用的陶瓷杯容易破碎，以致销量大跌。

为了帮助哥哥走出困境，休·摩尔问自己："陶瓷杯易碎，那换成不碎的杯子不就行了吗……不会碎的东西有什么呢？毛皮？纸？布……对了，是纸。要是能把纸做成杯子就好了，又轻，又摔不碎……但是纸被水浸透，就会漏水。怎么样才能让它不被水浸透呢？"最后，他终于成功地找到了一种不易被水浸湿的纸。

休·摩尔积极思维，用"不易碎的杯子"替代"易碎的陶瓷杯"，从而解决了哥哥遇到的问题，也为自己开创了一番大事业。

2. 有哪些可以被替代的成分和材料

这是很多技术革新和产品革新过程中最常问到的问题。因此，在某些工程领域就出现了金属被塑料代替、木材被混凝土代替、能源替代等现象。如，凯迪拉克一直在研发的核材料汽车和最近几年非常火的特斯拉电动汽车也是如此。

键盘的主要材料是塑料，能有其他材料替代吗？江西铜鼓县的江西奔步科技发展有限公司结合自身拥有的竹加工技术优势，就研制成功了"以竹代塑"的竹键盘、竹鼠标。用竹子代替塑料，实现了电子产品可降解的环保化生产。也因此，其竹键盘产品先后获得国家发明专利 4 项、实用新型专利 15 项、外观设计专利 9 项、国际专利 2 项。如今，该公司生产出来的竹键盘、竹鼠标已经销往美国、韩国、土耳其等欧美国家及东南亚地区。

3. 哪些地方可以被替代

在策划婚礼时，婚礼场地可以被替代吗？当然可以，比如：室内可以换到室外（草地婚礼），地面可以换到空中（空中婚礼）、水中（水下婚礼）。

设计酒店时，建造地点可以被替代吗？建在悬崖上，就是崖挂酒店；建在洞穴中，就是溶洞酒店；建在海上浮岛上，就是水上自循环酒店；建在飞艇上，就是空中酒店。

4. 哪些方法可以被替代

所谓方法指的是，为获得某种东西或达到某种目的而采取的手段与行为方式，包括生产方法、使用方法、食用方法等。例如，房屋的生产方式，可以配置人工、材料、设备等按常规方式建造，也可以用 3D 打印机建造购物方式；可以带上钱，花更多时间去实体店购买，也可以网上购物。

5. 哪些规则、制度可以被替代

为了提高产量，哪些规则、制度可以被替代？于是，劳动分工、流水线生产、联产承包责任制应运而生。

很多时候土匪是不讲规则的，但为了收益，他们也可能用"官"规则替代"匪"规则。在《血酬定律》一书中，吴思曾引用四川袍哥大爷侯少煊所写的《广汉匪世界时期的军军匪匪》部分内容：

> 广汉位居川陕大道，商旅往来，素极频繁。但 1913 年以后，时通时阻，1917 年以后，几乎经常不通。不但商旅通过，需要绕道或托有力量的袍哥土匪头子出名片信件交涉，即小部军队通过，也要派人沿途先办交涉，否则就要挨打被吃。
>
> 后来匪头们认为道路无人通行，等于自绝财源，于是彼此商定一个办法，由他们分段各收保险费，让行人持他们的路票通行。例如，一挑盐收保险费五角，一个徒手或包袱客收一元。布贩、丝帮看货议费，多者百元，少者几元、几十元不等。
>
> 匪头们考虑到，普遍造成无人耕田和人口减少的现象会断了他们以后的饭碗，于是也兴起一套"新办法"：用抽保险费来代替普遍抢劫。即每乡每保每月与当地大匪头共缴保险费若干元，即由这个匪头负责保护，如有劫案发生，由他们清追惩办。外地匪来抢劫，由他们派匪去打匪。
>
> 保险费的筹收办法，各乡不一。北区六场和东区连山、金鱼等场，是规定农民有耕牛一只，月缴五角；养猪一只，月缴三角；种稻一亩，秋收后缴谷一斗；地主运租谷进城，每石缴银五角……这样一来，有些乡镇农民又部分地开始从事生产，逃亡开始减少，匪徒们坐享收益，没有抢劫的麻烦，多少也有点好处。

这个案例告诉我们，规则应需而变，替代原来的规则产生的效果是很大的。运用到创意上来，替代现有的规则是能产生颠覆性创意的重要方向。

（二）Combine：合并

大多数创意都是综合分析的结果，将不同的想法、方法等合并起来，就会出现新的创意。

采用"合并"这种方式的时候，可以从这些方面提出问题。

- 哪些想法可以合并起来？
- 哪些目标可以合并（如果同时面对多个输入目标)？
- 是否需要进行混合、协调？

●有哪些元素可以合并进来？

......

针对比较健忘的不会接听手机的老年人，怎么才能让他们方便接听子女的电话呢？来电时，手机会有铃声响起，如果把铃声换成子女们平常提醒的"接听电话请按绿键"，是不是可以解决这个问题？

1. 哪些想法可以合并起来

针对一个需要解决的问题，可能有几种创意方案，能否把这些创意合并起来？

针对平面插线板存在的问题，有人提出设计成可以自由扭动的条块型，有人建议改变呆板的方块形状为可爱型，最后，瑞士的设计者将这些想法合并起来，设计了一款卡通猪的电源板，如下图。

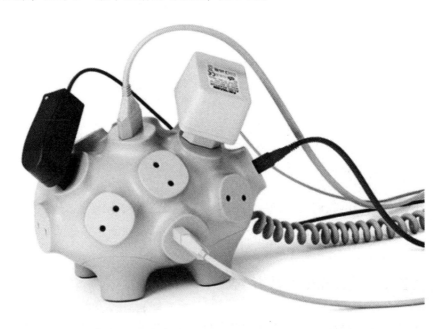

2. 哪些目标可以合并

快速响应市场个性化需求、降低生产成本是实现企业良性发展需要实现的目标之一，两者能结合吗？快速响应市场个性化需求意味着小批量甚至单件定制，较之规模化生产，成本定然会上升；降低生产成本要求实现规模生产，这又与"个性化需求"相悖。

通过目标"合并"，就可以找到主件大规模生产、个性化配件就地加工的"延迟"策略。比如：瑞士军刀、户外手表、三防手机等多功能设备、工具都是多目标"合并"的成果。

3. 有哪些元素可以合并进来

有哪些新元素可以合并进现有的对象中来？

一家塑料厂的一次性塑料杯大量积压，点子大王何阳建议厂家把京广铁路沿线站名配上小地图印在杯身上，在铁路沿线的火车上销售，结果取得了可喜的效果。电梯间只是人们等候时的场所吗？分众传媒把它做成了广告载体，成为楼宇广告的先锋。火车车厢只是拿来载人的吗？专业公司把车厢开发成了商品展销市场。

名片只是名片吗？在秘鲁，有家名叫 Kokopelli 的背包客旅店，在客人离店时会送给他们一份特别的礼物：一张可以食用的名片。原来，Kokopelli 靠近安第斯山脉，许多客人去登山时会遭受高原反应，这张名片中装有的树叶内含古柯叶的成分，在口中咀嚼时能缓解高原反应症状。据说，咀嚼这种叶子抵抗高原反应，是古秘鲁留传下的秘方，纽约设计公司 Lanfranco & Cordova 通过"合并"，将它转化成了名片设计的灵感，让名片准确地击中游客们的"痛点"，成就了一段极致体验之旅。

（三）Adapt：改进

爱迪生曾说："作为发明家，你要不断地留心寻觅，发现他人已经成功使用的新颖、有趣的创意，让它变成一种习惯。只有对你所从事的问题不断研究、调整、改进，你才能使自己的创意出类拔萃。"这就有力地说明了"改进"在创意中的重要性。

要想成为"改进"创意的专家，可以提出下面这些类似的问题。

- 过去有过相似的先例吗？
- 有什么可以模仿？
- 有什么能够吸收的创意？
- 有什么地方可以改进？

●有什么过程可以改进?

●有什么可以转化?

……

1. 有什么可以模仿

这是通过借鉴其他产品、技术、事物的特点来进行改进。

如何在野外快捷、轻松、环保地洗净衣服是驴友们在旅程中比较头疼的事情之一。常用的方法是：把衣服装进防水袋子浸泡，之后再洗涤，整个过程比较麻烦。

2010年，来自澳大利亚的专利律师艾什·纽兰和朋友攀登乞力马扎罗山，在旅程中也遇到了这样的麻烦。冥思苦想之后，创意出了"世界上最小的洗衣机"。

这款"洗衣机"叫Scrubba，重量不超过145克，可以轻易折叠、方便携带；使用时加入2~3升水，再进行揉搓，洗衣袋内数百个凸起的颗粒就能起到传统搓衣板的作用，20~40秒后，脏衣物就轻松重回到干干净净的状态了。

2012年，Scrubba在澳大利亚Anthill杂志举办的"smart100"评选中，荣登榜首，被福布斯杂志评为2012年十大旅行产品。

2. 有什么可以转化

例如：收费的项目能免费吗？

获得2014年诺贝尔经济学奖的法国经济学家Jean Tirole（让·梯若尔）的理论解释了一种定价策略：提供免费产品作诱饵，通过转化机制，将一个市场转移到另一个市场，挖掘出赢利点。例如，夜总会欢迎女性免费进入，而对男性收费。因为女性越多，夜总会就越能从男人那儿获得更多利润。这跟国内一些舞厅女性免费入场、男性收费的方式如出一辙。

国内旅行社也是"转化"高手：低团费甚至零团费招揽游客。但他们的收益只是粗暴地"转化"到了游客购物的"回扣"上，由此造成的旅游纠纷从没断过。

国内景区主要是门票经济，要保证利益就只有门票涨价，所以价格上涨的听证会你方开罢我登场。据统计，国内176个5A景区（截至2014年6月）中仅有14个5A景区免门票，要玩遍全国的5A景区总计需要26000元。

其实，景区的收益方式完全可以通过构建基于基础业务平台—增值业务平台的模式进行转化。《免费：商业的未来》的作者克里斯·安德森认为：世界就是一个交叉补贴的大舞台。交叉补贴可以有不同的作用方式：比如，用付费产品来补贴免费产品，用日后付费来补贴当前免费，用付费人群来给不付费人群提供补贴。

其实，这是一种转化机制：付费产品转化为免费产品，成本要么转化到其他产品上，要么这种免费产品上依附着另一种未被货币化的价值。如同英国《金融时报》说的："如果你没有为此付出，那么你就是产品的一部分。"

构建一种转化机制，转化人们越习以为常的定式，创意就越有价值。

（四）Modify（magnify or minify）：调整

人类和任何形式的组织都需要随环境的快速变化而调整自己的行为。先知先觉者领先世界，后知后觉者跟风追赶，不知不觉者被环境淘汰。不论是曾经辉煌无限的诺基亚，还是胶片霸主柯达，都因"调整"不及时而败走麦城。

1. Modify 调整

那如何调整呢？首先要明确：

- 什么可以被调整？
- 是否有新的趋势出现？
- 调整名称、定义、外观、功能，还是其他？
- 计划需要调整吗？
- 需要转型吗？

面对移动互联网快速发展的态势，2013年携程发布了携程旅行5.0客户端，将在线旅游服务商OTA（Online Travel Agency）转型成了移动旅游服务商MTA（Mobile Travel Agency）。艺龙旅行网也宣称，移动端将成为其未来发展的重中之重，从"在线酒店"转为"移动酒店"。

一次性筷子出现后，曾因解决了卫生问题而大受欢迎，可是后来人们发现，一次性筷子很浪费，很不环保，于是市场就逐渐萎缩了。如何"调整"一次性筷子，使其更受市场欢迎呢？

成都一家筷业公司设计出了一种名为"邹筷头"的环保接头筷——夹菜端是一次性的长约2寸的竹筷。就餐时从封装的小纸袋里取出，旋转进可重复使用的筷身就成了跟普通筷子完全一样的筷子了。使用完后，去掉夹菜端即可。这样就减少了浪费、环保、卫生。

竹禅大师在5尺宣纸上画9尺观音的故事，也是关于"调整"的创意。

有一年，竹禅大师云游北京，被召到宫里去作画。那时宫里画家很多，各有所长。一天，一名宦官向画家们宣布："这里有一张5尺宣纸，慈禧太后要画一幅9尺高的观世音菩萨像，谁来接旨？"5尺纸怎能画9尺高的佛像呢？画家中无一人敢应命。

这时，竹禅想了想就说："我来接！"说完，他便磨墨展纸，一挥而就。大家一看，无不惊奇叹绝，心悦诚服。此画传到了慈禧手中，慈禧也连连称奇，甚至表示自愿"受法出家"，并让竹禅和尚担任"承保人"。据说后来慈禧被称为"老佛爷"，就是由此开始的。

竹禅是怎样画的呢？原来，竹禅画的观音和大家常画的没有多大差异，只是把观音画成了弯腰在拾净水瓶中的柳枝，如果观音直起腰来则正合9尺。

2. Magnify 扩大

现代社会是一个"奥林匹克"社会，信奉"更高、更大"，动不动就是国内最大或最高，甚至是世界最大，例如，某地号称"建设国内最大的奥特莱斯""最大的室内滑雪场"等。

"扩大"是被经常利用的创意方法，我们要寻求多种方法，来扩大、增加或者扩展思维、产品或者服务。

- 什么因素可以被扩大或扩展？
- 什么因素可以被夸张或夸大？
- 什么因素可以被增加？更大？更高？更长？更重？更多特性？
- 可以使频率增加吗？
- 可以使"附加值"增加吗？
- 能达到极限吗？能被超越吗？

为了让浴盆黄鸭仔火爆起来，荷兰艺术家弗洛伦泰因·霍夫曼把它放大成了巨型橡皮鸭艺术品——大黄鸭，于是便轻易做到了。截至2014年8月，大黄鸭已经在13个国家地区的22个城市展览。如果算上山寨的，可能是个天文数字。

迪拜是一个希望处处领先的城市，它有很多世界之最：最大的购物中心，最大的人工码头，最大的人造岛，最大的室内滑雪场，最大的音乐喷泉，最高的塔……"扩大"策略让迪拜与众不同！目前世界最高的建筑迪拜塔都很难被超越，它独特的塔尖设计充满了无尽的延伸空间。

3. Minify 缩小

缩小是与扩大的相反思路，例如，很多个人用品人们都追求精致、小巧，因此就要尽量利用"缩小"的创意方法。

- 什么因素可以被缩小？更小？更低？更短？更轻？更薄？更少特性？
- 可以折叠吗？
- 可以使频率降低吗？
- 可以使"附加值"减少吗？
- 可以更谨慎吗？
- 能达到极限吗？能被超越吗？

……

电视机从采用阴极射线显像管的庞大笨重的体形瘦身到现在屏幕超大、厚度超薄的液晶，手机从砖头式的大哥大逐渐发展到现在6毫米左右的超薄手机，以及相机、电脑的卡片化，采用的都是"缩小"策略。

（1）什么因素可以被缩小

尺寸是人们最容易想到的因素。

习惯了喝热水，习惯了泡茶、冲咖啡，随时随地就能用热水壶烧水多好！现在，世界上已经出现了最小的电热水壶，它被"缩小"为只有手掌大小，烧开水只需45秒，方便随身携带。

住宿的费用还能降低吗？于是，胶囊公寓、太空舱酒店应运而生。大城市房价太高，能让更多的年轻人拥有自己的住房，在城市里扎根下来吗？住房能缩小吗，缩小到工薪阶层都能购买，而且房间所有功能都有？据英国《每日邮报》2011年7月4日的报道，全世界最窄的住宅近日在波兰首都华沙诞生，这座4层公寓建在两座大楼之间的缝隙中，最宽处122厘米，最窄的地方只有 72 厘米，整体面积只有 14.5 平方米。虽然窄到可能连手臂都无法伸展开，但这座迷你公寓的里面却是"五脏俱全"，卧室、客厅、卫生间和厨房分布在每层大约 12 米长的狭长空间里。

该住宅是为以色列著名作家 Etgar Keret（埃特加·凯霭特）提供的一个隐居在市井中的工作室，此外，它还将成为全世界获邀的青年学者共同的工作室，为这些年轻人提供富有创意的工作环境与交流平台。

这种微型住宅的理念在日本比较流行，据说，国内的万科地产也在进行微小户型住宅产品的尝试。

（2）可以折叠吗

折叠是立体的"缩小"策略，通常都被用在期望不改变大小和功能的场合。

音箱是音乐发烧友的必备装备，如何在户外、旅途中都能"发烧"呢？韩国一位设计师从折纸游戏中激发了灵感，设计出了一种折叠音箱 Viva Speakers 的概念模型。不用时，可以通过简单的扭转机身，将扬声器折叠成钱包般大小，轻松放进口袋里；使用时，只要反转机身，就能够获得一个立方体音箱，十分方便。

露营时，对于很多人来说，支起帐篷是一件比较难的事情。有没有更便捷的方式？如果把"折叠"的方式用在帐篷上，可以设计出很多方便且新奇的户外露营产品。

有人就设计出了一款名为 Sanctuary 的用轻量化材料制成的新型帐篷，获得了红点奖。这款帐篷像弹簧一样，收纳时只要把它压扁固定住，就变成圆饼了，方便运输和储存；使用时，取下固定装置它就可以自己站起来，不用费力去搭建。如果想增加稳定性，只要在边沿的凹槽里压几块石头即可。

（五）Put to other uses：一物多用

如果从惯性思维中跳出来，就能从一种思路、产品或者服务中，构想出其他很多的用途。在国内，有一个著名案例。

1987年，广西南宁市召开了"创造学会"第一次学术研讨会。参加这次会议的都是一些在科学、技术、艺术等方面做出突出贡献的杰出人才。为了扩大参加会议的人的创造视野，他们同时还聘请了国外一些著名的专家、学者，包括日本的村上幸雄先生。

在会议中，主持人邀请村上幸雄先生为参加会议的人讲学。村上幸雄先生没有推辞，一共讲了三个半天，内容很新奇，很有魅力，深受大家的欢迎。

讲课的过程中，有这样一个小插曲。

村上幸雄先生拿出一把曲别针，说："现在，请大家动脑筋，打破框框，想想曲别针都有什么用途？比一比看谁的发散性思维好。"大家便七嘴八舌，议论纷纷。有的说："可以别胸卡、挂日历、别文件。"有的说："可以挂窗帘、钉书本。"……各种各样的作用大约说出了29种。

这时候，有人问村上幸雄，"你能说出多少种？"村上幸雄轻轻地伸出三个指头。有人又问："是30种吗？"他摇摇头，"是300种吗？"他仍然摇头，说："是三千种。"

大家都感到很惊讶，心中不由得升起一种佩服之情。可是，就在这时候，坐在台下的许国泰先生心里一阵紧缩，他想，中华民族在历史上就是以高智力著称世界的，我们的发散性思维绝不会比日本人差！于是，他便给村上幸雄写了个条子，说："幸雄先生，对于曲别针的用途我可以说出三千种、三万种。"幸雄感到十分震惊，大家也都不十分相信。

许国泰先生解释说："幸雄所说的曲别针的用途，我可以简单地用四个字加以概括：钩、挂、别、联。我认为，远远不止这些。我们把曲别针分解为铁质、重量、长度、截面、弹性、韧性、硬度、银白色等十个要素，用一条直线连起来形成信息栏轴，然后把要使用的曲别针的各种要素用直线连成信息标竖轴。再把两条轴相交垂直延伸，形成了一个信息反应场，将两条轴上的信息依次'相乘'，达到信息交合……"于是，曲别针的用途就无穷无尽了。

创意时，要找到其他用途，我们可以从下述方面思考。

- 可以直接用到其他场合吗？
- 可以成为其他思路、产品或者服务的组成部分吗？
- 它的大小适合做其他什么？
- 它的材料适合做其他什么？
- 它的形状适合做其他什么？
- 它可以变为其他形状或想法吗？

根里奇·阿奇舒勒在《哇……发明家诞生了》一书中曾讲了一个"会计"用冰块成功帮助因没有吊车而对如何搬下笨重的坏变压器一筹莫展的工人的故事：冰块堆成了一个跟变压器支撑台几乎等高的平台，铺上木板，撬动变压器挪到了木板上。冰块融化了，变压器就到了地面上。阿奇舒勒感慨地写道：

> 以前，冰块一般只是用来使食物保鲜，但现在，冰块代替了吊车。为什么？冰块说不定还能有其他的用途——而且不仅仅是冰块！突然，我意识到，也许任何东西都能有不平常的用途。

Comfort Airport 可调节机场座椅是 2012 年红点设计奖的获奖作品，它是由 Kwon Jin–Seok（人名）设计的。此款机场座椅系统是一款可调节的多功能座椅，每两个椅子为一组，通过中间的立柱连接在一起，构成了一个基本的座椅单元。靠背都可以翻折起来，变成一个小桌板，可以用来办公或与朋友对坐聊天。中间的立柱上有电源插座和 USB 充电口，提供多种电源支持。当旅客想躺着休息时，将立柱往下按，下降到坐垫的高度，然后再将椅背折叠放平，就可以变成一张坐卧两用的长椅了。

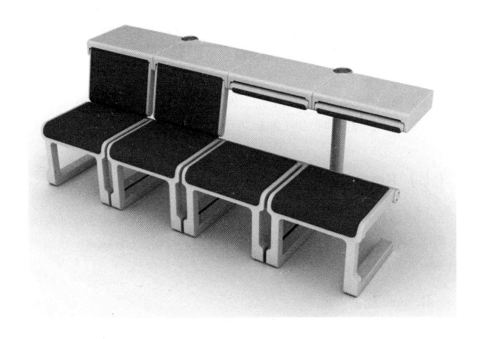

（六）Eliminate：去除

创意，有时需要对创意对象现有的元素进行"去除"，从而获得一个新事物。救生圈薄荷糖的诞生是因为，加工设备出现了故障，意外地把糖果的中间部分压空了，外观像一个游泳圈。"去除"了中心，反而造就了"life－saver"品牌。

我们可以从下述方面来思考。

● 哪些元素可以去除？

● 可以拆分吗？

● 哪些功能没有必要？

● 需要弱化吗？

● 现有规则可以去除吗？

为了实现超薄功能，苹果 Macbook Air（产品名）笔记本去除了标准的 VGA（视频图形阵列）输出接口，使用时需要外接转换器；2012 年，oppo 公司生产号称世界最薄的手机 finder（产品名）时，去除了耳机插孔，使用时需要外接转换接头。

随着老龄社会的到来，中国老年人口已超过 2 亿人，存在一个无法忽视的、世界上最大的老龄产业市场。如何为他们定制产品？跟市场上流行的"潮"产品比起来，哪些元素和功能是没有必要的，是可以去除的？如何为他们提供实用、好用的产品？

例如，现在的老人手机，减少了上网、APP 等功能，突出了大按键、大数字、大音量、长待机和收音机功能。

（七）Reverse（rearrange）：颠倒、重组

Reverse 颠倒和 rearrange 重组有别于前面 6 种从属性出发进行创意的方法。所谓 Reverse 颠倒，就是利用逆向思维方法进行创意；rearrange 重组则是把已知的事物进行重新安排、组合。

1. Reverse 颠倒

把现有的创意、商品或者服务的角度进行颠倒，有时能打开新的视野。发现事物的反面，能帮助我们完善创意。

运用颠倒方法，我们可以从这些方向思考：

- 方向可以颠倒吗？上下颠倒，正反颠倒，左右颠倒？
- 顺序可以颠倒吗？
- 因果可以颠倒吗？
- 它的反面是什么？

亨氏公司是世界闻名的大型食品公司，非常重视消费者的意见反馈。2003 年，他们向消费者提出了这样一个问题："你对亨氏番茄酱的哪些方面感到难以忍受、心情低落或者心情愉快？"消费者比较集中的回答有：

- 番茄酱有时会把帽子弄脏。
- 当瓶中的酱汁快用完时，你不得不把瓶子倒转过来。
- 要想把瓶中最后一点儿酱汁弄出来很困难。

根据消费者集中反馈的这些信息，公司决定立刻改进包装，以便解决这些问题。在经过研究之后，重新设计的颠倒型新包装投放到了美国市场。调查结果表明，更改包装后，具有购买倾向的消费者由之前的 77% 上升到了90%；表示自己一定购买的顾客由之前的 40% 上升到 67%。

之后，公司在英国市场推广了这一新型包装，同样获得了巨大的成功。

消费者认为，这种新设计给自己带来了便利，他们对新包装带来的便利和使用过程中的洁净效果非常满意，有些人甚至还通过亨氏服务热线打来电话表示祝贺。

📎 创意小点子

某条街道是著名裁缝一条街，有很多裁缝店。由于竞争激烈，一家率先打出了广告："本县最好的裁缝店！"第二家也不甘示弱，紧跟着也打出广告："本市最好的裁缝店！"第三家见状也打出广告，写的却是："本省最好的裁缝店！"

广告大战在这条街道上上演，口气也越来越大：

"全国最好的裁缝店！"

"全球最好的裁缝店！"

"宇宙中最好的裁缝店！"

裁缝店们挖空心思想从范围上超越前面的广告，为没抢到更大的范围而后悔。只有一家反其道而行之，很"谦虚"地宣称："本街最好的裁缝店！"由此，获得这轮广告大战的胜利。

2. rearrange 重组

通过对已知的事物进行重新组合，可以找到无数的创意方向。例如，藏头诗就是需要通过重组找出主题的一种诗歌形式，破解密码时也需要通过多次重组来找到答案。

下图是用火柴摆出来的"3 + 4 = 5"的式子，要求只移动一根火柴使等式成立：

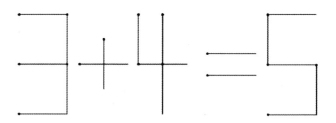

这就是希望通过重组元素后得到新的结果。我们可以把"加号"的竖着的火柴移到"3"的左上角，使之成为"9"，然后式子就会变为等式。

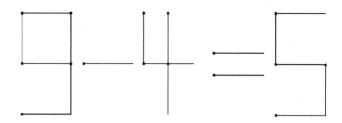

很多时候，创意是我们对已知的事物进行重新组合的结果。我们可以从这些方面找到创意方向。

- 通过重新安排哪些元素可能更好？
- 内部元素之间能够互换组成部分吗？
- 计划能重新安排吗？
- 顺序能重新排列吗？
- 模式能重新设计吗？

利用设置在大街小巷的大量摄像头组成的监控网络是保障城市治安的重要平台，可以重新安排哪些元素来提升效果呢？升级设备？雇用更合适的人？

2012年，墨西哥瓦哈卡公共安全部门雇用了20个聋哑人来监视230个城市摄像头的实时录像。这一做法不仅给这些难以找到工作的人提供了工作，而且提高了城市监控系统的效果。尽管录像是无声的，但这些失聪的监控者们不但可以读唇语，还比以前那些正常人更不容易被其他的事情分心。

为了结合大众力量，为城市提供解决方案，帮助各地城市变得更"聪明"，让人们的生活更加舒适美好。2013年，IBM联合奥美开展了一项"People for Smarter Cities"（智慧城市）运动。

奥美为活动创作了系列户外广告，让商业味十足的广告牌变得温情脉脉。例如：在楼梯处铺设一块斜坡广告牌，为提行李箱的人们提供便利；"凳子"广告牌，方便人们休息；"遮雨棚"广告牌，让没带雨具的人们多一把大"伞"。这些设计获得了2013年度戛纳户外类全场大奖。

SCAMPER创意法是一种非常有效的创意方法。实际工作中我们可以使用其中部分或全部方法来丰富我们的思想，这在重新设计产品、服务时很有效。有时，需要我们多轮使用这种方法来完善优选出来的创意。

（八）SCAMPER方法的应用示例

应用SCAMPER方法对"新型手机"进行创意思考。

创意方向	新型手机思路
S 替代	材料替代（乳胶、陶瓷）、元件替代（八核、新型处理器）
C 合并	微型数码相机、特种功能机
A 改进	老年智能手机、屏幕防摔
M 调整或扩大、缩小	双系统、超薄、全息
P 一物多用	遥控器、健康终端
E 去除	儿童手机、可变形
R 颠倒或重组	曲屏、可折叠屏

TRIZ 发明问题解决理论法

你可用 100 年等待灵感和顿悟的到来，也可用 TRIZ 法 15 分钟解决问题。

——根里奇·阿奇舒勒

"TRIZ"一词是俄文"发明问题解决理论"的首字母缩写，英文名称为 Theory of Inventive Problem Solving，国内常音译为"萃智法"。自 1946 年以来，以根里奇·阿奇舒勒为首的专家，对 250 万份专利文献进行了研究，他们发现当人们进行发明创造、解决技术难题时都有一定的模式可循，这就为人们进行学习并获得创新发明的能力提供了参考。阿奇舒勒的三条发现是：

（1）类似的问题与解在不同的工业及科学领域交替出现。

（2）技术系统进化的模式在不同的工程及科学领域交替出现。

（3）创新所依据的科学原理往往属于其他领域。

经过多年的收集、分析、比较和归纳，阿奇舒勒团队不仅总结出了各种技术发展进化遵循的规律模式、解决各种技术矛盾和物理矛盾的创新原理和法则，还建立一个由解决技术问题、实现创新开发的各种方法、算法组成的综合理论体系，并综合多学科领域的原理和法则，建立起了基于知识的 TRIZ 理论体系。

TRIZ 法曾被苏联视为国家财富，不得外传。苏联解体后，TRIZ 法传到了德国、以色列和美国，成为世界风行的一种创新设计方法。科学技术部、发展改革委、教育部、中国科协曾联合发布《关于加强创新方法工作的若干意见》（国科发财〔2008〕197 号），强调要"推进 TRIZ 等国际先进技术创新方法与中国本土需求融合"。

（一） TRIZ 法的流程

应用 TRIZ 法的流程，通常包括问题分析与表述、抽象提取技术矛盾、抽象提取物理矛盾、建立物质—场模型、ARIZ 需求功能分析、重新分析问题、评价判断是否为最优解和原理解的具体化，如下图所示。

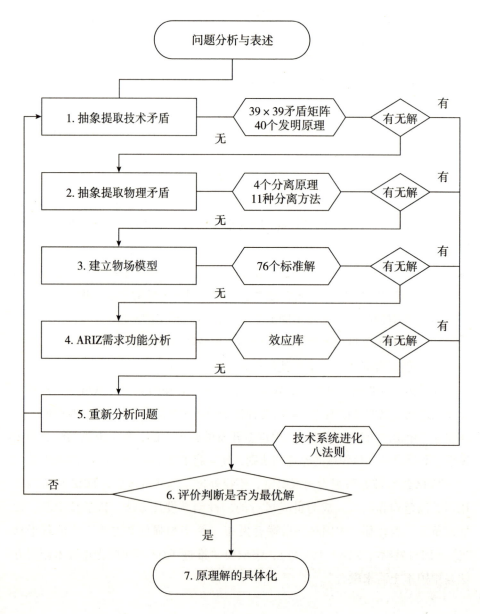

在许多技术问题中，改善一个技术参数的同时，往往会导致另一个参数恶化，这就是技术矛盾。

大量专利都是在不同的领域上解决某些通用的工程参数间的冲突与矛盾，这些矛盾不断地出现，又不断地被解决。阿奇舒勒研究后发现，尽管这些技术矛盾所属领域不同，处理问题方式也不尽相同，但其中系统冲突的参数是类似且数量是有限的，表现为 39 个通用工程参数在彼此相对改善与恶化。

这 39 个通用工程参数如下表所示。

通用工程参数名称	通用工程参数名称	通用工程参数名称
1. 运动物体的质量 2. 静止物体的质量 3. 运动物体的长度 4. 静止物体的长度 5. 运动物体的面积 6. 静止物体的面积 7. 运动物体的体积 8. 静止物体的体积 9. 速度 10. 力 11. 应力或压力 12. 形状 13. 结构的稳定性	14. 强度 15. 运动物体作用时间 16. 静止物体作用时间 17. 温度 18. 明亮度 19. 运动物体的能量消耗 20. 静止物体的能量消耗 21. 功率 22. 能量损失 23. 物质损失 24. 信息损失 25. 时间损失 26. 物质的数量	27. 可靠性 28. 测量准确度 29. 制造准确度 30. 来自外部作用于物体的有害因素（外来有害因素） 31. 物体产生的有害因素（有害的副作用） 32. 可制造性 33. 可操作性（使用方便性） 34. 可维修性（易维护性） 35. 适应性 36. 装置的复杂性 37. 控制的复杂性 38. 自动化程度 39. 生产率

引入 TRIZ 理论后，美国科技人员在对 1500 万件专利加以分析、研究、总结、提炼和定义的基础上，增加了 9 个通用工程参数，由 39 个变为 48 个。增加的 9 个通用工程参数是：

（1）信息的数量；

（2）运行效率；

（3）噪声；

（4）有害的散发；

（5）兼容性/可连通性；

（6）安全性；

（7）易受伤性；

（8）美观；

（9）测量难度。

将39个通用工程参数按横向、纵向依次排列，就会构成一个矛盾矩阵。矩阵的横轴代表恶化的参数，纵轴代表希望改善的参数。矩阵组成了1521个方格，其中1263个方格内有数字，表示建议使用的40个发明原理的编号。没有数字的方格中，"＋"号方格处于相同参数的交叉点，系统矛盾由一个因素导致，这是物理矛盾；"－"号方格表示暂时未找到合适的发明原理来解决问题。

阿奇舒勒矛盾矩阵为问题解决者提供了一个可以根据系统中产生矛盾的两个工程参数，从矩阵表中直接查找化解该矛盾的发明原理来解决问题。

后来，美国科技人员在阿奇舒勒矛盾矩阵基础上发布了2003矛盾矩阵，矩阵表上不再出现空格，物理矛盾与技术矛盾的求解同时在矛盾矩阵表中显现，这就为设计者解决技术系统的技术矛盾，也为解决技术系统的物理矛盾提供了有序、快速和高效的方法。

在2003矛盾矩阵表上，提供的通用工程参数矩阵关系由1263个提高到2304个，同时，在每一个矩阵关系中所提供的发明原理个数也有所增加，这就为人们提供了更多的解决发明问题的方法，更加高速、有效、大幅度地提高了创新的成功率。

（二）40个发明原理

阿奇舒勒提炼出了TRIZ中最重要的、具有普遍用途的40个发明原理，这些原理是获得冲突解所应遵循的一般规律。

这40个原理如下表所示。

序号	原理名称	序号	原理名称
1	分割	21	快速行动
2	抽取（提取、取回、移走）	22	变害为利
3	局部性质	23	反馈
4	不对称	24	中介物
5	合并	25	自服务

续　表

序号	原理名称	序号	原理名称
6	多用性	26	复制
7	嵌套（俄罗斯套娃）	27	一次性用品
8	重量补偿	28	替代机械系统
9	预先反作用	29	气动或液压结构
10	预处理	30	柔性壳体或薄膜
11	预先应急措施	31	多孔材料
12	等势	32	改变颜色
13	逆向操作	33	同质性
14	曲面化	34	剔除与再生部件
15	动态化	35	改变参数
16	部分或超额行动	36	相变
17	转变到新维度	37	热膨胀
18	振动	38	加速氧化
19	周期性动作	39	惰性环境
20	有效动作连续性	40	复合材料

1. 分割原理

将一个物体分成相互独立的部分。如，大型计算机用若干个人计算机代替。

使物体分成容易组装及拆卸的部分。如，个人计算机方便 DIY 的模块化设计。

增加物体相互独立部分的程度。如，用百叶窗代替整体窗帘。

2. 抽取原理

将物体中的"负面"部分或特性抽取出来。如，将嘈杂的压缩机放在室外。

只抽取物体中必要的部分和特性。如，用狗叫声作为自动报警装置的警报声，而不用养一条狗。

3. 局部性质原理

将物体或外部环境（动作）的同类结构转化成异类结构。如用动态识别排队车辆数量进行时间调整的红绿灯系统代替固定时间的系统。

使组成物体的不同部分实现不同的功能。如快餐盒被分成放米饭、热食、冷食及汤的空间。

使组成物体的每一部分都放在最利于其运行的条件下。如橡皮在铅笔的顶端，带有起钉器的榔头等。

4. 不对称原理

用不对称形式代替对称形式。如非对称容器或者对称容器中的非对称搅拌叶片可以提高混合的效果。

如果对象已经是不对称的，增加其不对称的程度。如将孔明锁部件的差异特征扩大，增加识别性。

5. 合并原理

合并空间上的同类或相邻的物体或操作。如集成电路板上的多个电子芯片。

合并时间上的同类或相邻的物体或操作。如同时分析多个血液参数的医疗诊断仪。

6. 多用性原理

使得物体或物体的一部分实现多种功能，以代替其他部分的功能。如内部装有鞋油的鞋刷。

7. 嵌套原理

一个物体位于另一物体之内，而后者又位于第三个物体之内，依次类推。如套娃。

一个物体通过另一个物体的空腔。如伸缩镜头。

8. 重量补偿原理

通过与其他物体结合产生升力，来补偿其重量。如用气球悬挂广告条幅。

通过与环境（利用气体、液态的动力或浮力等）的相互作用实现物体重量的补偿，如飞机机翼的形状可以减小机翼上面空气的密度，增加机翼下面空气的密度，从而产生升力。

9. 预先反作用原理

预先施加反作用。如在溶液中加入缓冲剂，防止高 PH 值带来的危害。

如果物体将处于受拉伸工作状态，则预先施加压力。如在浇注混凝土之前对钢筋进行预压处理。

10. 预处理原理

事先完成部分或全部的动作或功能。如卷状食品保鲜袋，预先在 2 个保鲜袋间切口，但保留部分相连，使用时可以轻易拉断相连部分等。

在方便的位置预先安置物体，使其在第一时间发挥作用，避免时间的浪费。如机动车临时停车收费管理系统中的咪表。

11. 预先应急措施原理

预先准备好相应的应急措施，提高物体的可靠性。如写字楼里的消防设施。

12. 等势原理

在势能场中，避免物体位置的改变。如在两个不同高度水域之间安装水闸。

13. 逆向操作原理

不直接实施问题要求的动作，而是实施一个相反的动作。如用冷却代替加热。

使物体或外部环境移动的部分静止，或者静止的部分移动。如车床使工件旋转，道具固定。

把物体上下颠倒。如亨氏番茄酱的倒装瓶。

14. 曲面化原理

用曲线部件代替直线部件，用球面代替平面，用球体代替立方体。如苹

173

果手机的圆角化设计。

采用滚筒、球体、螺旋体。如圆珠笔、钢笔的球状笔尖。

利用离心力，用旋转运动代替直线运动。如洗衣机脱水。

15. 动态化原理

使物体或其环境自动调节，使其在每个动作阶段的性能达到最佳。如汽车的可调节式后视镜。

把物体分成几个部分，各部分之间可相对改变位置。如翻盖手机。

将不动的物体改变为可动的，或具有自适应性。如医疗检查中用到的柔性状结肠镜。

16. 部分或超额作用原理

如果用现有方法很难完成对象的 100%，可用同样的方法"稍多"或"稍少"一点，问题的解决将被大大简化。如将火箭分拆成零部件运输，发射前再组装。

17. 转变到新维度原理

把物体的动作、布局从一维变成二维，二维变成三维，依次类推。如螺旋梯可以减少普通楼梯所占用的房屋面积。

利用多层结构替代单层结构。如城市里的立体车库。

将物体倾斜或侧置。如装卸车。

利用指定面的反面。如印制电路板经常采用两面都焊接电子元器件的结构。

把光线投射到附近的区域，或者物体的反面。如大理崇圣寺三塔倒影。

18. 振动原理

使物体振动。如公路施工中高频振动电机。

如果振动已经存在，则提高它的振动频率（达到超声波频率）。如震动送料装置。

利用共振频率。如用超声波共振来粉碎胆结石或肾结石。

用压电振动替代机械振动。如用石英晶体振荡驱动高精度钟表。

利用超声波振动同电磁场配合。如在高频炉里混合合金，使其混合均匀。

19. 周期性动作原理

用周期性动作（脉动）代替连续的动作。如警报。

如果行动已经是周期性的，则改变其频率。如音乐喷泉。

利用脉动之间的间隙来执行另一动作。如在心肺呼吸中，每 5 次胸腔压缩后进行 1 次呼吸。

20. 有效动作连续性原理

连续工作，物体的所有部分均应一直满负荷工作。如流水线车间瓶颈工序三班倒生产。

消除空闲的、间歇的行动和工作。如打印机的打印头在回程过程中也进行打印。

用循环的动作代替"来来回回"的动作。如转盘式灌装设备。

21. 快速行动原理

快速地执行一个危险或有害的作业。如瞬间灭菌法。

22. 变害为利原理

利用有害的因素（特别是环境中的有害影响）来取得积极效果。如利用工厂废气发电。

与另一个有害因素结合，中和或消除物体所存在的有害作用。如疫苗。

加大有害因素的程度，使之不再有害。如用火烧掉一部分植物，形成隔离带，防止森林大火的蔓延。

23. 反馈原理

通过引入反馈来改善性能。如自动恒温空调。

如果已经引入了反馈，则改变其大小和作用。如扫地机器人在接近墙体时，改变其动作灵敏度。

24. 中介物原理

采用中介物体来传递或完成所需动作。如机械传动中的惰轮。

把一个物体和另一个容易移走的物体临时结合在一起。如用托盘把热盘子端到餐桌上。

25. 自我服务原理

使物体具有自补充和自恢复功能，完成辅助工作。如饮水机自动补充水进入加热室。

利用废弃的资源、能量或物资。如包装材料的再利用。

26. 复制原理

用简单而便宜的复制品代替难以得到的、复杂的、昂贵的、不方便的或易损坏的物体。如虚拟驾驶游戏机。

如果已经使用了可见光的复制品，进一步扩展到红外线或紫外线复制品。如用红外图像来检测热源。

用光学复制品或图像来代替实物，可以按比例放大或缩小图形。如卫星图。

27. 一次性用品原理

用廉价的物品代替昂贵的物品，在某些属性上作出妥协（例如使用寿命）。如一次性尿布。

28. 替代机械系统原理

用视觉、听觉、嗅觉、味觉、触觉等感官系统替代机械系统。如在天然气中混入难闻的气体代替机械或电子传感器来警告人们天然气的泄漏。

使用与物体相互作用的电场、磁场及电磁场。如为了混合两种粉末，用产生静电的方法使一种产生正电荷，另一种产生负电荷。

用动态场替代静态场，变化场替代固定场，确定场替代随机场。如定向声源。

将场和铁磁粒子组合使用。如铁磁催化剂。

29. 气动或液压结构原理

使用气体或液体代替物体的固体零部件，可用气体或水使这些部件膨胀，或利用气体或液体的静压缓冲功能。如汽车的安全气囊，儿童的充气城堡玩具。

30. 柔性壳体或薄膜原理

利用柔性壳体或薄膜代替常用的结构。如拉膜建筑。

用柔性壳体或薄膜使物体同外部环境隔离。如鸡蛋专用箱。

31. 多孔材料原理

使物体多孔或使用辅助的多孔部件（如插入、覆盖等）。如泡沫材料。

如果一个物体已经是多孔的，则利用这些孔引入有用的物质或功能。如药棉。

32. 改变颜色原理

改变物体或其周围环境的颜色。如彩色外壳笔记本。

改变难以观察的物体或过程的透明度或可视性。如透明厨房。

对于难以看到的物体或过程，使用颜色添加剂来观测。如温度计的红色水银柱。

如果已经使用了颜色添加剂，则借助发光迹线追踪物质。如自动控制设备中的色标。

33. 同质性原理

将物体或与其相互作用的其他物体用同一种材料或特性相近的材料制作。如用金刚石制造钻石的切割工具。

34. 剔除与再生部件原理

剔除或改变物体中已经完成其功能和无用的部分（通过溶解、蒸发、分离等手段）。如药品的消溶性胶囊，火箭飞行中的级间分离。

物体已经用掉的部件，在过程中迅速补充其所消耗和减少的部分。如自动铅笔。

35. 改变参数原理

改变系统的物理状态。如液化天然气。

改变浓度或密度。如婴儿药剂。

改变柔韧程度。如独立袋装床垫。

改变温度或体积。如食品冻库。

36. 相变原理

利用物体相变转换时发生的某种效应或现象（例如热量的吸收或释放引起物体体积变化）。如空调制冷机制。

37. 热膨胀原理

改变材料的温度，利用其热膨胀或热收缩效应。如装配中，冷却内部件使之收缩，加热外部件使之膨胀，装配完成后恢复到常温，内、外件就能实现紧配合装配。

利用一种具有不同热膨胀系数的多种材料。如双金属片温度传感器。

38. 加速氧化剂原理

用富氧空气代替普通空气。如水下呼吸器中存储浓缩空气，以保持长久呼吸。

用氧气替换富氧空气。如用氧气—乙炔火焰做高温切割。

用电离的氧气替换氧气。如空气过滤器通过电离空气来捕获污染物。

用臭氧化氧气替换电离的氧气。如用溶于水中的臭氧去除船体上的有机污染物。

用臭氧替换臭氧化的氧气。如臭氧消毒器。

39. 惰性环境原理

用惰性环境代替普通介质。如将氩气等惰性气体充入灯泡，防止金属灯丝氧化。

往物体中添加惰性或中性添加剂。如输液用的生理盐水。

在真空中实施某过程。如食品真空包装。

40. 复合材料原理

用复合材料代替同性质材料。如碳素纤维鱼竿。

上述 40 个原理可以分成四大类，如下表所示。

类别	原理序号和名称
提高系统协调性	1. 分割；3. 局部性质；4. 不对称；5. 合并；6. 多用性；7. 嵌套（俄罗斯套娃）；8. 重量补偿；30. 柔性壳体或薄膜；31. 多孔材料
提高系统效率	10. 预处理；14. 曲面化；15. 动态化；17. 转变到新维度；18. 振动；19. 周期性动作；20. 有效动作连续性；28. 替代机械系统；29. 气动或液压结构；35. 改变参数；36. 相变；37. 热膨胀；40. 复合材料
消除有害作用	2. 抽取；9. 预先反作用；11. 预先应急措施；21. 快速行动；22. 变害为利；32. 改变颜色；33. 同质性；34. 剔除与再生部件；38. 加速氧化；39. 惰性环境
易于操作和控制	12. 等势；13. 逆向操作；16. 部分或超额行动；23. 反馈；24. 中介物；25. 自服务；26. 复制；27. 一次性用品

2003 年；美国研究人员增加了 37 个发明原理如下。

（1）减少单个零件重量、尺寸

（2）零部件分成重（大）与轻（小）

（3）运用支撑

（4）运输可变形状的物体

（5）改变运输与存储工况

（6）利用对抗平衡

（7）导入一种储藏能量因素

（8）局部／部分预先作用

（9）集中能量

（10）场的取代

（11）建立比较的标准

（12）保留某些信息供以后利用

（13）集成进化为多系统

（14）专门化

（15）减少分散

（16）补偿或利用损失

（17）减少能量转移的阶段

（18）推迟作用

（19）场的变换

（20）导入第二个场

（21）使工具适应于人

（22）为增加强度变换形状

（23）转换物体的微观结构

（24）隔绝/绝缘

（25）对抗一种不希望的作用

（26）改变一个不希望的作用

（27）去除或修改有害源

（28）修改或替代系统

（29）增强或替代系统

（30）并行恢复

（31）部分/局部弱化有害影响

（32）掩盖缺陷

（33）实施探测

（34）降低污染

（35）创造一种适合于预期磨损的形状

（36）减少人为误差

（37）避开危险的作用

新增的 37 个发明原理，尚未列入 2003 矛盾矩阵表中，有待进一步研究完善。

📎 创意小点子

这是古时候的一个神话故事。

有一次土地爷外出，临行前嘱咐他的儿子替他在土地庙"当值"，并且一定要把前来祈祷者的话记下来。他走后，前前后后来了四个祈祷者——

一位船夫祈祷赶快刮风，以便乘风远航；

一位果农祈祷别刮风，避免把快成熟的果子给刮下来；

一个种地的农民祈祷赶紧下雨，以免耽误播种的季节；

一位商人祈祷千万别下雨，以便趁着好天气带着大量的货物赶路。

这一下子可难住了土地爷的儿子，他不知该怎么办才能满足这些人们的彼此不同的要求，只好把所有祈祷者的话都原封不动地记了下来。

很快，土地爷回来了，看了儿子的记录，哈哈一笑说："别愁眉苦脸了，照我的办法做就是了，肯定能满足他们各自的要求。"土地爷提笔在上面批了四句话：

> 刮风莫到果树园，
>
> 刮风河边好行船；
>
> 白天天晴好走路，
>
> 夜晚下雨润良田。

如此一来，四个不同的祈祷都如愿以偿、皆大欢喜。其实，土地爷的前两句话说的是风的"空间分离"，后两句话说的是雨的"时间分离"。

（三）发明问题解决算法

标准解法由阿奇舒勒于1985年创立，共有76个，分成5级，各级中解法的先后顺序也反映了技术系统必然的进化过程和进化方向。

标准解法可以将标准问题在一两步中快速进行解决，它是TRIZ高级理论的精华。标准解法也是解决非标准问题的基础，非标准问题主要应用TRIZ来进行解决，而TRIZ的主要思路是将非标准问题通过各种方法进行变化，转化为标准问题，然后应用标准解法来获得解决方案。

具体解法可参照TRIZ相关资料。

✎ 延伸案例

在日内瓦湖上的山脉中，有一条很长的汽车隧道。在投入使用之前，总工程师想起来，她忘了警告汽车司机在进入隧道之前把车灯打开。尽管隧道的照明设施很好，仍然需要预防停电的情况下发生灾难（在深山中这种意外是很可能发生的）。

于是，人们做了一个标牌，上面写着：

警告：前有隧道请打开大灯！

他们把标牌挂在隧道入口处，然后隧道如期通车了。既然问题已经解决了，大家都觉得很轻松。

从隧道东出口再往前400米就是世界上风景最优美的度假胜地，从这里俯瞰，整个日内瓦湖都尽收眼底。每天都有成百上千的游客在此处欣赏美景，放松他们疲惫的身体，也可享受一顿美味的小"野餐"。同时，每天当这几百名神清气爽的游客返回他们的汽车的时候，都会有十来个或者更多的人意外地发现汽车电池没电了——因为他们忘了关掉车灯！

警察们被迫用上他们所有的资源，好让车启动起来，或者把它们拖走。游客们怨声载道，并且赌咒发誓要劝说他们所有的朋友都不要到瑞士来旅行。

这是谁的责任？这已经不重要。重要的是如何解决游客们遇到的问题。

工程师考虑了他能够强加在司机及其乘客身上的很多种解决办法：

（1）他可以在隧道尽头立一块标牌，写上：关掉车灯。但是这样的话夜晚行车的人们万一也关掉车灯怎么办？

（2）他可以建议政府在风景俯瞰处建造一个充电站。但是维护要花很多钱，并且如果它出了故障人们会更加恼火。

（3）他可以建议政府授权一家私人公司经营充电站。但是这会使风景区变得商业化，这是政府和游客绝对不会接受的。

（4）他可以在隧道尽头竖立一个表意更明确的标牌。

凭着直觉，工程师认为一定可以通过某种方法来书写一个更加明确的标牌。他尝试了许多备选方案，最终得到了一个体现瑞士式简约的杰作：

如果这是白天，并且如果您的车灯开着，那么熄灭车灯；

如果天色已晚，并且如果您的车灯没开，那么打开车灯；

如果这是白天，并且如果您的车灯没开，那么就别打开；

如果天色已晚，并且如果您的车灯开着，那么就别关它。

可是，等人们读完这个信息复杂的标牌，汽车也许早已经飞过围栏，并且咕噜咕噜地沉到湖底了——这根本就不是一个可以接受的解决方法。

必定有更好的方法！

如果应用TRIZ法，我们能发现需要解决的问题是：信息与速度的矛盾。提示信息是必需的，内容就是上述四个"如果……并且……那么"。只是这么多内容，不可能让驾驶员看明白，除非行驶速度极低——这又会导致安全性问题。

我们需要改善的参数是：信息损失。避免恶化的参数是：速度。在矛盾矩阵中进行查找，第 24 行（信息损失）、第 9 列（速度）对应的原理是第 26 条、第 32 条。

第 26 条原理是复制原理：

（1）用简单而便宜的复制品代替难以得到的、复杂的、昂贵的、不方便的或易损坏的物体。

（2）如果已经使用了可见光的复制品，进一步扩展到红外线或紫外线复制品。

（3）用光学复制品或图像来代替实物，可以按比例放大或缩小图形。如卫星图。

提示我们要用简单的"提示"来代替现有的"如果……并且……那么"，如何更简单呢？上述提示的核心是什么？是车灯是否亮着！所以隧道出口的提示语就能像入口处那样简单。

警告：您的大灯亮着吗？

还可以继续简化。

如果用图像来代替文字，会更简单、直接：一个大灯符号，加一个问号。

第 32 条原理是改变颜色原理：

（1）改变物体或其周围环境的颜色。

（2）改变难以观察的物体或过程的透明度或可视性。

（3）对于难以看到的物体或过程，使用颜色添加剂来观测。

（4）如果已经使用了颜色添加剂，则借助发光迹线追踪物质。

这个原理能让上述提示更醒目。

📎 创意小点子

一天，通用汽车庞帝亚克部门收到一封客户抱怨信，言辞恳切，可内容有些"荒唐"："我们家有个习惯，每天晚上会开车去买冰激凌当饭后甜点。可最近，每当我买的冰激凌是香草口味时，我车子就发动不了了。但买巧克力或者草莓口味冰激凌的时候，车子发动顺得很。"客户慎重地在信末还补了一句："我对这件事情是非常认真的，尽管这个问题听起来很离谱。"

难道"冰激凌的气味能影响汽车发动?"对于这个十分离谱的问题,工程师们没有断然回绝,而是去查看究竟。工程师与客户一起,在晚饭后买好香草冰激凌回到车上,车子确实没法一下子发动;之后,这位工程师又连续来了三个晚上,购买其他种类的冰激凌,却没有出现这个问题。

"难道见鬼了?"工程师仍然不放弃继续安排相同的行程,并开始记下种种详细资料,如停车时间、车子使用油的种类、车子开出及开回的时间……经过几天的研究,他有了一个结论,这位客户买香草冰激凌所花的时间比起其他口味明显要少。

原因是香草冰激凌最畅销,店家为了让顾客能很快取拿,将其特别分开,陈列在单独的冰柜,也将冰柜放置在店的最前端,购买时速度明显快些。由于下车购买的时间较短,引擎没有足够的时间散热,重新发动时就出现问题。可是买其他口味时,由于时间较长,就不会发生这种情况。发现了问题,香草冰激凌的故事促使庞帝亚克改进了汽车散热功能。

信息交合法

信息交合法是由华夏研究院思维技能研究所所长许国泰先生于 1986 年首创的,又称"要素标的发明法",或"信息反应场法"。它是一种在信息交合中进行创新的思维技巧,即把物体的总体信息分解成若干个要素,然后把这种物体与人类各种实践活动相关的用途进行要素分解,把两种信息要素用坐标法连成信息标 X 轴与 Y 轴,两轴垂直相交,构成"信息反应场",每个轴上各点的信息可以依次与另一轴上的信息交合,从而产生新的信息。

(一) 信息交合法的原理

按照信息交合法,一切创造活动都是信息的运算、交合、复制和繁殖的活动。它有两个原理。

原理1：不同信息的交合可以产生新的信息

（1）不同信息、相同联系所产生的构象。如螺丝钉与CPU是两个不同信息，但和其他部件交合在一起就能组成电脑。

（2）相同信息、不同联系所产生的构象。如玻璃，可以用在窗户、电视、手机、照相机上，也可以作成工艺品。

（3）不同信息不同联系产生的构象。如成都蒲江县的猕猴桃与北京的普通白领没有必然联系，但柳桃、互联网却将它们交合在一起，构成了投桃报"礼"这一促销活动。

原理2：不同联系的交合可以产生新的联系

没有相互作用就不能产生新信息、新联系，所以"相互作用"（即一定条件）是中介。有了适合的条件，任何信息都可以进行联系。

（二）信息交合法的实施方式

1. 单信息标情形

把与创意相关的或发散思维过程中所有信息当作一类信息，分列在一条直线上，两两交合，成为新信息。

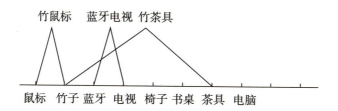

列出的鼠标、竹子、蓝牙、电视、椅子、书桌、茶具、电脑等信息，可以两两交合形成新信息。如"鼠标"和"竹子"交合成为"竹鼠标"，"蓝牙"和"电视"交合成为"蓝牙电视"，"竹子"与"茶具"交合成为"竹茶具"等。

2. 双信息标情形

这是应用最多的信息交合方式。即把与创意相关的或发散思维过程中所有信息分成两大类，一类为信息标 X 轴，另一类为 Y 轴，两轴垂直相交，每个轴上各点的信息依次与另一轴上的信息交合，产生新的信息。

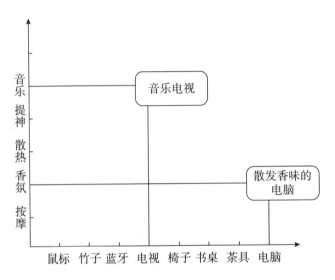

鼠标、竹子、蓝牙、电视、椅子、书桌、茶具、电脑等物体信息列在 X 轴，按摩、香氛、散热、提神、音乐等功能性信息列在 Y 轴，X 轴和 Y 轴的信息可以两两交合来形成新信息。如"音乐"与"电视"交合成为"音乐电视"，"香氛"与"电脑"交合成为"散发香味的电脑"等。

3. 多信息标情形

即与创意相关的或发散思维过程中所有信息分成三类或以上，在平面上构建多维的信息标。

在上例双信息标情形基础上增加一类颜色信息进行交合，如下图所示。

多信息标交合后新信息数量为 $N_1 \times N_2 \times N_3 \times \cdots\cdots \times N_n$（其中 N 为信心类别数量，n 为每类信息的数量），本例交合后新信息数量为 $8 \times 4 \times 4 = 128$ 条。例如："红色""音乐"与"电视"交合后可以成为"红色音乐电视"，"绿色""香氛"与"电脑"交合后可以成为"绿色的散发香味的电脑"。

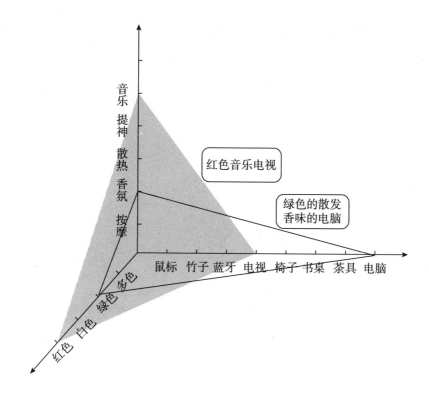

（三）信息交合法的实施

如何来实施呢？

1. 定中心

根据创意输入确定研究中心：要思考、解决的问题是什么（确定零坐标），问题的信息构成（信息类别、信息点）等。

2. 划标线

根据"中心"和信息类别数，确定从零坐标画多少条坐标线。画标线时适当考虑图案美观。

3. 注标点

在各类信息标上注明相应的信息点。如果信息点较多，可以用分类序号来标注，如 A1、B3、C9 等。

4. 相交合

以一标线上的信息为母本，以另一标线上的信息为父本，相交和后可产生新信息。依次进行两两交合，产生众多新信息。

5. 列信息

将组合出的新信息依次列出，并以核心信息点为中心，列出系列化的新信息方便后续的创意评价工作。

（四）信息交合法的应用示例

用信息交合法创意设计水杯。

类似发散思维，可以从相容关系、相关关系、相似关系、相对关系、无关关系等方面进行构建，如杯子，能从其材料（玻璃、陶瓷、塑料、纸、不锈钢……）、部件（把手、杯耳、杯身、杯底……）、功能（泡茶、保温、保健、溶出……）、情感（亲子、父母、爱情、朋友……）、形状（圆柱、圆锥、长方体、异形……）、颜色（红、黄、绿、多色……）、使用者（老人、小孩、中年人、学生……）、无关（镜头、历史、地理、手机……）等方面进行分类。如下图所示。

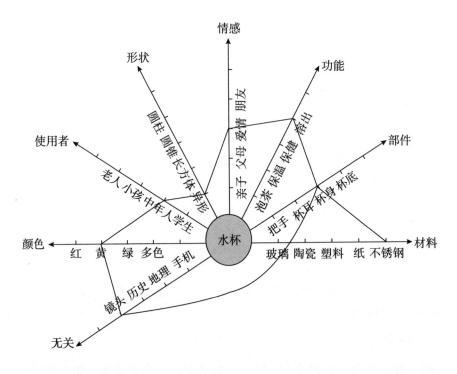

经过交合，可以组合成上图示例的新信息：不锈钢杯身、溶出性的、情侣的、异形的（如心形）、中年人使用的、黄色的、镜头构造的水杯。两两交合后，共可以形成 4^7（即 16384）个新水杯信息。

📎 创意小点子

大颅榄是一种名贵树种。树高几十米，木质坚硬，木纹美丽，树冠绰约多姿。既是好看的绿化树种，又是不错的建筑用材。但是，这种树却十分稀少，世界之大，只有非洲才有；非洲也不是到处都有，只有岛国毛里求斯才有。毛里求斯也不多了，数来数去，全国一共只有 13 棵。更令人担忧的是：这 13 棵树已到了垂暮之年，有 300 多岁的高龄。一旦这 13 棵树灭绝了，地球上就再也没有这种树了。

这种树为什么这样稀少呢？为什么不多种一些呢？因为它的种子无论怎样小心栽种，也不会发芽；它的枝条无论怎样扦插，也不会生根。这种树像是患上了不育症。用不了多久，这种树就会一棵接一棵地死去，直到最后完全消失。

它的命运引起了生态学家的担忧，纷纷研究它不育的原因。1981 年，美国生态学家坦普尔来到毛里求斯，决心找出它不育的原因。他想，生殖是生物的天性，它的不育，可能是由于生态的变化使原来的生殖条件丧失了。但是，又是什么事物的改变造成它的不育呢？

一次偶然的机会，他发现了一只渡渡鸟的遗骸，在它的身体里找到了大颅榄的种子，这说明，它是吃树的果实的。渡渡鸟是一种早已灭绝了的鸟，最后几只渡渡鸟是 1681 年死去的，离当时正好是 300 年。这与树的年龄也正好一样。他认为，这不是偶然的巧合。他推测，这 13 棵树很可能是最后几只渡渡鸟繁殖的，而渡渡鸟的灭绝造成了树的不育。

坦普尔的推测毕竟是假设，是不是正确，还需要验证。渡渡鸟没有了，怎样验证呢？他用与这种鸟相似的吐绶鸡来试验，让吐绶鸡吃下大颅榄的果实。几天后，鸡屎中拉出了果实，坦普尔把它们播种在土地里。一些日子后，种子发芽，长出了绿色。

原来，渡渡鸟与大颅榄有共生作用。鸟以树的果实为生，鸟又为树的果实催生。树的种子被坚硬的果壳包裹着，无法吸收水分，无法生出幼芽。经过鸟的消化以后，硬壳被磨薄就容易发芽了。而自从鸟灭绝以后，树失去了催生婆，就不再生育后代了。

联想创意技法

研究问题产生设想的全部过程，主要是要求我们有对各种想法进行联想和组合的能力。

——艾利克斯·奥斯本

所谓联想思维是指，思绪由此及彼的连接，即由所感知或所思考的事物、概念和想象的刺激而想到其他的事物、概念和现象的心理过程。这是在创意输入的刺激下，经过创意引擎作用而产生创意成果的一种重要方法。

《世说新语》载有一则《咏雪》：

> 谢太傅寒雪日内集，与儿女讲论文义。俄而雪骤，公欣然曰："白雪纷纷何所似？"兄子胡儿曰："撒盐空中差可拟。"兄女曰："未若柳絮因风起。"公大笑乐。即公大兄无奕女，左将军王凝之妻也。

谢安以飘飘洒洒的雪命题联想，谢朗由"雪花"联想到空中撒"盐粒"，谢道韫则由"雪花"联想到因风而飞舞的"柳絮"，这就是联想。

人的大脑天生就具有一种由此及彼的联想能力，联想是人的本能，但深度、广度、层级相差很大，更需要后天发展。谢朗的联想能力一般，只能简单的类似"联"一步。而谢道韫的联想就深刻形象很多，能从属性、形态等方面进行联想，生动地描绘出了雪花飞舞之美。

多层级联想，不仅有利于创意更新，也更容易产生意外的趣味性。有一种说法曾称："如果大风吹起来，木桶店就会赚更多钱。"这是怎么进行联想的呢？当大风吹起来时→沙石漫天飞舞→眼睛受伤导致瞎子增加→盲人琵琶师傅增多→以猫毛代替琵琶弦的越来越多→猫会减少→老鼠增多→老鼠会咬烂木桶→木桶需求量大增→木桶店赚更多钱。这种说法需要九级联想才能使逻辑合理。

苏联两位著名心理学家哥洛可斯和斯塔林茨曾用实验证明，任何两个概念词语都可以经过四五级联想，构建出合理的关系。例如梳子和大海，是两个看似距离很远、"风马牛不相及"的词，但通过联想，可以使它们发生合理的联系：梳子→木头→椰子树→沙滩→大海。这种联想在发散思维时是非常常见的，对大多数人来说，每个词语可以与近 10 个词发生直接联想，那么第一级就有 10 种联想的可能，第二级就有 100 种可能，第三级就有 1000 种可能……第 N 级便有 10^n 种可能。

联想方法通常可以分为：接近联想、相似联想、对比联想和因果联想四类。

（一）接近联想

接近联想是最普遍的联想现象，也是最常用的联想方法。

所谓"接近联想"又叫"时近联想""邻近联想"，是由此接近彼的联想形式，指的是根据事物之间在空间或时间、功能或用途、结构或形态上的彼此接近进行联想，进而产生出某种新创意的思维方式。例如，由电脑联想到鼠标，由江联想到海，由局部联想到全局等都是接近联想。特征是，同质的此与彼之间的相近点、相似点。

孩子第一次吃香蕉的时候，一般都并不知道这种水果是"香蕉"。在吃这种水果的时候，各种特征和感受会在孩子的脑中留下印象，比如：形状、味道、颜色等。同时，孩子在吃这种水果的时候听到周围人称呼这一种水果为"香蕉"。这样，"香蕉"这一名字和其特征、感受就会立刻在孩子的脑中联系起来，最终在孩子脑中留下了"香蕉"这一概念。

从今以后，当孩子听到"香蕉"这一名词的时候，脑中便会想起香蕉的颜色、味道、形状等；当孩子看到一个香蕉时，脑海中就会立刻想到"香蕉"这个词，以及所有和香蕉相关的各种经历感受。

由"香蕉"这个词能联想到香蕉的颜色、味道、形状，由香蕉的颜色、味道、形状能联想到"香蕉"这个词，所以接近联想是双向的。如由鼠标联想到电脑，由海联想到江，由全局联想到局部。

现代火车的气动刹车装置就是利用接近联想发明的。

19 世纪初，以蒸汽为动力的火车出现了，并逐渐成为重要的交通工具，奔驰在美国和欧洲大陆上。当时火车致命的缺点是难以及时刹车，经常出事故，因此有人把它称为"踏着轮子的混世魔王"。

当时的火车刹车装置装在车头上，靠司机的体力扳动闸把来刹车，很难使火车快速停下来。后来，虽然在每节车厢上都安了一个单独的机械制动闸，并配备一个专门的制动员，遇有情况，由司机发出信号，各个制动员再狠命接下闸把。虽然稍好一些，但仍然不能迅速地刹住列车。因此，发明一种灵敏有效的火车刹车装置，已成了铁路系统一项亟待解决的大问题。

乔治·威斯汀豪斯在发明制动装置时首先想到利用蒸汽。既然列车是蒸汽推动的，为什么不能用蒸汽来制动呢——由火车联想到了蒸汽。他设计了一套装置，用管路把锅炉和各个车厢连接起来，试图用蒸汽来推动汽缸活塞，从而压紧闸瓦，达到刹车的目的。可是，高压蒸汽在长长的管路里迅速冷凝，丧失了压力，实验也没有取得预想的效果。

就在威斯汀豪斯一筹莫展时，他偶然在《生活时代》报上看到了一条报道：法国开凿塞尼山隧道，利用了压缩空气驱动大型凿岩机，他浮想联翩：既然压缩空气可以驱动凿岩机，开掘坚硬的岩石，或许也能够驱动火车制动闸——这是蒸汽用途上的接近联想。

基于这个想法，威斯汀豪斯终于制成了新型的空气闸。其原理并不复杂，只要增加一台由机车带动的空气压缩机，通过管道将压缩空气送往各个车厢的汽缸就行了。刹车时，只要一打开阀门，压缩空气就会推动各车厢的汽缸活塞，将闸瓦压紧，使列车迅速停下来。

1868年，年仅23岁的威斯汀豪斯取得了空气制动闸的专利权，组成了威斯汀豪斯制动闸公司。直到今天，空气制动闸仍然是火车和汽车运行的安全保障。

（二）相似联想

这是一种因彼与此相似而由此联想到彼的联想，是一种类比方法。哲学家康德曾说过："每当理智缺乏可靠论证的思路时，类比这个方法往往能指引我们前进。"即由某一事物或现象想到与它相似的其他事物或现象，进而产生某种新创意。这种相似，可以是事物的形状、结构、功能、性质等某一方面或某几个方面。

与接近联想不同，相似联想最主要的特征是不同质的此与彼之间由此及彼地类比联想。如由奖状联想到优秀，由雪花联想到柳絮。相似联想通常可分为：形象联想、逻辑联想和情感联想。

1. 形象联想

外部形态相似，称之为形象联想。这是一种借助事物形象或象征符号，表示某种抽象概念的类比，可以使抽象问题形象化、立体化，为创意问题的解决找到新的方法。

如花瓶瓶身设计成花茎形状，装蜂蜜的瓶子设计成与蜜蜂的外貌特征相似。鲁班发明锯子就是基于叶子两边长着锋利的齿和大蝗虫两个大板牙上排列着许多小齿的形象联想。

形象联想在创意时运用很多。如下图的新甲壳虫汽车推出时的平面广告。孕妇的腹部及躯干的形状与甲壳虫汽车的外形相似，而且表达出新甲壳虫是用尽心力、极致呵护孕育而出的，那种新生命跃动般的神圣，让人惊喜和期待。

为纪念曼德拉，通过形象联想，一位艺术家用50根10米长的钢柱创作了一座雕塑，通过钢柱的体面变化形成了曼德拉头像，同时又代指监狱铁窗，用来纪念曼德拉被捕50周年。

负责外部环境设计的资深建筑师杰里米·罗丝在通往雕塑的道路上栽种了刻有"勇敢、政治家、领导者、囚犯、忠实伙伴、毅力"等与曼德拉相关的关键词的树木，与雕塑相得益彰。

2. 逻辑联想

内容逻辑相似，称之为逻辑联想。如水龙头出水如瀑布般泻出、给人直观感受的瀑布水龙头，用急救担架上的蜘蛛侠来说明某墙砖表面光洁的平面广告。

逻辑联想是在内容、功能、结构、结果等方面符合逻辑思维的联想。如一种微型耕作机的发明。

四川省有个人叫姚岩松，有一次意外地发现，屎壳郎能滚动一团比它自身重几十倍的泥土，却拉不动比那块轻得多的泥土。由于自己过去曾开过几年拖拉机，他联想到：能不能学习屎壳郎滚动土块的方法，将拖拉机的犁放在耕作机身动力的前面，而把拖拉机的动力犁放在后面呢？经过实验，他便设计出了一种微型耕作机。

刘荆洪教授所著的《发明未来：创造思维与技法》中讲到了构盾施工法的发明，也是基于内容逻辑相似的联想方法。

　　1820 年的秋天，英国在泰晤士河底建造地下隧道，河底土质松软、渗水，按传统的施工方法，容易塌方。工程师布鲁尔内觉得无可奈何。
　　一天，他在室外散步解闷，眼睛看着对面的橡胶树，无意中发现一只小虫，使劲地往硬橡胶树皮里钻。他心里一震，河里挖隧道为什么不能学一学这只小虫？布鲁尔内注意到，那只小虫是在其硬壳保护下进行工作的，此情此景，使工程师恍然大悟。河下施工，可以先将一个空心钢柱体打入松软岩层中，然后在这个"构盾"的保护下进行施工。

第二天，布鲁尔内用空心钢柱模仿小虫掘进打入河底，一尺尺地往前伸展，施工获得了成功，人们称他发明的方法叫"构盾施工法"。这也是相似思考法，即将某客体与思维对象联系起来，从它们的相似关系中，发现某种启发，从而获得创造性成果。

3. 情感联想

情感反应相似，称之为情感联想。如明星代言产品，德芙巧克力"牛奶香浓，丝般感受"广告词，汽车速度表在高速度数字下标上拐杖、轮椅、死亡符号等。

我在做泸州百吉滩温泉策划时，联想到泸州老窖的主力产品"国窖1573"，就从"国窖"联想到"国酒"，再联想到"国汤"，把百吉滩温泉定位为"国汤"，并提出了"喝国酒，泡国汤"的口号。

为了让人们轻松享受户外就餐的感受，来自荷兰的一位设计师设计了Picnyc Table（产品名）草皮餐桌。餐桌的表面上覆盖了一层真实草皮，还可以根据使用者的需求种植蔬菜或其他香草植物。这种餐桌营造了一种与户外就餐情感反应相似的氛围。

创意小点子

苏联卫国战争期间，列宁格勒遭到德军的包围，经常受到敌机的轰炸。

一次，苏军尹凡诺夫将军视察战地，看见有几只蝴蝶飞在花丛中时隐时现，令人眼花缭乱。这位将军随即产生联想，并请来昆虫学家施万维奇，让他们设计出一套蝴蝶式防空迷彩伪装方案。

施万维奇参照蝴蝶翅膀花纹的色彩和构图，结合防护、变形和仿照三种伪装方法，将活动的军事目标涂抹成与地形相似的巨大多色斑点，并且在遮障上印染了与背景相似的彩色图案。就这样，使苏军数百个军事目标披上了神奇的"隐身衣"，大大降低了重要目标的损伤率，有效地防止了德军飞机的轰炸。

（三）对比联想

对比联想是事物间完全对立或存在某种差异而引起的联想，是基于逆向思维的一种联想方法。其突出的特征就是逆反性（与现有特性相反）、挑战性（对传统思维方式进行挑战），也称相反联想，是在相反特征的事物或相互对立的事物间所形成的联想。例如：黑与白、大与小、水与火、天与地、过去与将来、悲伤与快乐、温暖与寒冷等。双向 USB 的创意就是对比联想的结果。

对比联想又可以分为下列几种。

1. 从性质属性对立角度进行对比联想

日本的中田藤三郎对于圆珠笔的改进，就是从性质属性对立的角度进行思考的。

1945 年，圆珠笔问世，迅速受到了市场欢迎。但人们很快发现，写到 20 万字后，由于滚珠磨损，缝隙变大，笔尖会漏油，会污损文件及衣物。于是，厂家便开始研究更耐磨损的滚珠，可是效果甚微。

中田藤三郎从笔芯入手，减少了笔芯油墨量，当笔书写到 20 万字后，恰好将油用完。这里就运用了长期使用（漏油）——定期使用（漏油前用完）的对比联想法。

2. 从优缺点角度进行对比联想

人有优缺点，事物同样存在优缺点——一种特性在某种使用条件下是优点，在另一种使用条件下可能就是缺点。反之，亦然！例如，摩擦力对汽车驱动轮是"缺点"性的因素，但对碟刹制动系统来说却是"优点"。

> 有位阿拉伯大财主，一天对他的两个儿子说："你们比赛骑马到沙漠里的绿洲。谁的马胜了，谁将得到我的全部财产。但这次不是比快，而是比慢。我到绿洲去等你们，看谁的马到得迟。"
>
> 兄弟俩按照父亲的要求，骑着各自的马开始比谁的马走得慢。在烈日如火烧的大沙漠里慢行实在是一件痛苦的事，而且根本不知道什么时候才能结束比赛。两人下马休息时，哥哥突然想到了一个好办法——让弟弟的马比自己的马跑得快！于是哥哥抢先骑上了弟弟的马，快马加鞭地冲向了终点。
>
> 等弟弟醒悟过来，已经来不及了。哥哥终于赢得这场特别的比赛。

马跑得快是优点，但在这场比"慢"的比赛中是缺点。比赛开始时兄弟俩都是按照直线思维来思考的：让自己的马尽量慢下来。其实，"慢"是与"快"相比较而言的，要让自己慢下来有两种办法：一是让自己的马更慢；二是让别人的马比自己的快。

"让自己的马更慢"兄弟俩都能操作，很难比出结果。但"让别人的马比自己的快"就容易多了，哥哥首先明白了这个道理，取得了胜利。

3. 从结构颠倒角度进行对比联想

从空间考虑，把前后、左右、上下、大小等结构颠倒着进行联想。

如，索尼公司的薄型袖珍电视机就是对比着大彩电创意出来的，史丰收也是对比着传统的四则运算从右至左、从低位到高位进行运算的方法发明出从左至右、从高位到低位进行运算的顺速算方法，大大加快了运算速度。

前文讲到的亨氏倒装瓶的案例也是从结构颠倒角度进行的对比联想。

4. 从物态变化角度进行对比联想

即看到事物从一种状态变为另一种状态时，联想与之相反的变化。

例如：在确认了金刚石的成分是碳后，科学家成功地把金刚石转化为石墨。用对比联想来思考，石墨能不能转变成金刚石呢？后来的实验成功地把石墨制成了金刚石。

贵州省岑巩县马家寨，是陈圆圆的归隐地。寨里的吴氏后裔有种检验优质米酒的方法：把米饭放入米酒中 10 分钟左右，米饭会被还原成米粒（被水浸泡后的状态）。我曾在吴氏秘传人的试验下见证了这项神奇。这种方法也是从物态变化的角度来思考的。

为解决青藏铁路"千年冻土"夏季融沉、冬季冻胀的不稳定问题，国内科学家利用物态变化的对比联想研制出了"热棒"。它是一种由碳素无缝钢管制成的高效热导装置，5 米埋入地下，地面露出 2 米。钢管里面充以液态氨，钢管的上部装有散热叶片，称之为冷凝段，置于大气中；钢管的下部埋入地基多年冻土中，称为蒸发段。当蒸发段与冷凝段之间存在温差时，蒸发段的液态氨吸热蒸发成气体，在气压差作用下蒸汽沿管内空隙上升至冷凝段，与较冷的管壁接触放出汽化潜热，冷凝成液体。在重力作用下，冷凝液态氨沿管壁流回蒸发段再吸热蒸发。如此往复循环，将地层中的热量传输到大气中，从而降低多年冻土的地温，以防止多年冻土发生融化，从而达到保持冻土稳定性的目的。

对比联想是一种富有成效的思考方式，在创意时具有很大的"破坏性"，能帮助人们从某些先入为主的观念中解放出来，可以构造出与常规大不相同的、挑战传统的"成果"。

通常可以按照下述步骤进行对比联想：

（1）明确创意输入要素，思考所需要解决的问题、挑战、产品、概念等，在表格中写出这些问题、挑战、产品、概念等现有解决方式的关键因素。

（2）对这些关键因素进行对比联想，在对应的表格中写出与之相反的对比因素。

（3）选择具有创新性、可行性和价值性的对比因素进行组合。

例如，汽车。如果没有方向盘、油门和刹车，这会是什么汽车呢？谷歌的 × 团队研发了五年之久的无人驾驶汽车！

✎ 延伸案例

创意一家特色餐馆

在迈克尔·迈克尔科的《创造力剖析》所载的餐馆案例基础上，我们增加几个因素进一步推陈出新。

面对一个"一家特色餐馆"这样范围有点大的创意输入，很多人都会觉得无从下手。如果利用接近联想，就会联想到与"餐馆"接近的一些因素，如房屋、地址、厨房、厨师、菜谱、食物、费用等。

（1）把有房屋、有地址、有厨房、有厨师、有菜谱、提供食物、点菜收费等因素写入对比联想表格中的"因素"列。

（2）利用对比联想，把与上述因素相反的对比因素写入对比联想表格中的"对比因素"列。如：有房屋—露天场地，有地址—无地址，有厨房—无厨房，有厨师—无厨师，有菜谱—无菜谱，提供食物—不提供食物，点菜收费—点菜免费。

如下表所示。

因素		对比因素
有房屋	◀ - - - - - - - - - - - - - - - ▶	露天
有详细地址	◀ - - - - - - - - - - - - - - - ▶	无地址
有厨房	◀ - - - - - - - - - - - - - - - ▶	无厨房
有厨师	◀ - - - - - - - - - - - - - - - ▶	无厨师
有菜谱	◀ - - - - - - - - - - - - - - - ▶	无菜谱
点菜付费	◀ - - - - - - - - - - - - - - - ▶	点菜免费
提供食品	◀ - - - - - - - - - - - - - - - ▶	不提供

（3）从上述对比因素中选择具有创新性、可行性和价值性的对比因素进行组合。如露天的、不提供食品的自助烧烤店，没有厨房、没有厨师、没有菜谱的自助西餐厅等。

我们可以从每一条对比因素出发，设想如何使餐厅更有创意。

如，没有厨房和厨师的餐厅。餐厅提供食材、调料、食谱和工具，完全由顾客自助完成烹饪过程。如 Take 海鲜超市就没有厨房和厨师，只有少量服务员。

如，没有菜谱的餐馆。为保证食材的品质，餐厅只提供少量菜品。如东京的 Quintessence 就是一家没有菜谱的法式餐厅，高速公路服务站里的快餐也是没有菜谱的餐馆，服务员在现场按旅客的要求配菜。

如，点菜免费的餐馆。常规餐厅按菜品收费，我们可以转换一下，像律师一样，按在餐厅停留的时间长短收费。

如，不提供食物的餐馆。餐馆只提供主题式服务包间、餐具，食物由顾客自带。餐厅收取场地费。

上述设想我们可以选择一条或多条进行进一步的验证，最后选出最具创意的方案。

法国名厨 Paul Pairet 于 2012 年在上海创立了 Ultraviolet by Paul Pairet 餐厅（简称 UV，直译"紫外光"），号称"全世界第一个感官餐厅"。这家餐厅很独特：

- 一天只接待十个客人，需要提前 3 个月预订。
- 只能通过餐厅官网预订，没有其他渠道。每人餐费 3000 元，预订当天须支付定金 1000 元/人。
- 只提供 20 道佳肴和 12 道酒水的套餐，没有其他选择，相当于没有菜谱。
- 没有具体地址，不能私自前往。成功预订后，用餐当晚在指定地点统一集合后由一辆专用商务车把客人送到用餐地点。餐厅公布的具体地址是：somewhere in shanghai（上海的某个地方）。

该餐厅因其服务的独特性和现场丰富的感官体验，2013 年、2014 年连续两年获得亚洲最佳 TOP 50 餐厅称号，排名中国大陆第一。

 创意小点子

一天，爱迪生在实验室里想知道灯泡的容积大小，于是便请助手去测量。可是过了很久，助手依然没有把数据送来。于是，他来到了助手实验室。

走进门的时候，爱迪生看见助手正在桌旁不停地演算着，便上前问他在干什么，助手回答道："我刚才已经测量了灯泡不同部分的周长，现在正在用数学公式进行计算，马上就可以知道答案了。"

爱迪生哭笑不得："为什么不先把灯泡里灌满水，然后再去测量水的体积呢？"

（四）因果联想

因果联想是由两个事物间的因果关系所形成的联想。如花与果，橡皮与擦除。因果联想可以帮助人们找到事物的本质。

> 一次，福尔摩斯和助手去侦破一桩案件。因天色已晚，他们在山上搭帐篷露营。半夜福尔摩斯醒来后，推醒助手，指着满天的繁星问道："看到这么多星星你想到了什么？"
>
> 助手说："每颗星星都相当于一个太阳，而我们居住的地球在太阳系里只是很小的一颗行星，我们人类显得多么渺小啊！"
>
> 福尔摩斯怒斥道："你这个笨蛋，我们的帐篷被偷了！"

这个笑话很简单，但很能说明问题。除了福尔摩斯和助手的专业素养不同外，他们的思维方式也大为不同。助手看到星星，运用接近联想，由"星星"这个此接近"地球上的人类"这个彼，"想"出了"我们人类显得多么渺小啊"的感慨；而福尔摩斯则运用因果联想，由"看到星星"这个果联想到"帐篷被偷"这个因。

> 在非洲，马卡拉人通常是借助狒狒来寻找水源的。他们把一只狒狒抓起来拴在树上，利用狒狒爱吃盐的习惯，让它使劲吃。等到它口渴得难以忍受时，就把它放开，一心想喝水的狒狒已失去了平常的警惕，人们就能跟着它找到隐蔽的水源。这是马卡拉人通过"喂盐使狒狒口渴"这个因来找到"失去戒心的狒狒一心找水"这个果，是典型的因果联想。
>
> 马卡拉人的聪明还体现在如何抓狒狒上。他们知道，狒狒好奇心很重，有抓住东西不会松手的特点，就在一棵树的树干上掏了一个细细的只能伸进一只手的洞，然后又在树洞中放一把种子。之后，他们在附近藏起来。一段时间过去之后，有只狒狒果然走过去把手伸进了洞里，抓住那把种子，紧紧地握成拳头，以致手无法从洞里取出来。直到马卡拉人轻松地把它抓住。

运用因果联想需要注意的是：

（1）确认创意对象中的因果关系，要避免受到像"蝗虫的听觉在腿上"的笑话一样的虚假的因果关系的影响。

（2）分析创意对象中的因果关系是表面，还是本质的。只有找准了本质的因果关系，联想出来的创意才有价值。

（3）因果联系存在一因多果、一果多因的复杂情况，要利用聚合思维在众多的原因中找出主要原因，在众多的结果中找出主要结果，才能提高因果联想的可靠程度。

📎 创意小点子

"中国第一网络食品"是牛肉干的代名词，牛肉干是如何进入网络的？一方面，他们将网络游戏的宣传图案印在食品包装袋上，在市场销售的同时传播了网游广告；另一方面，把首款全3D游戏《大唐风云》加入了牛肉干的元素，游戏中开设了绿盛牛肉店。

游戏中的牛肉干可以"补充体力""补充魅力"，甚至救命。对于游戏玩家来说，一颗绿盛牛肉干就变成了梦寐以求的食品。更有趣的是，玩家在《大唐风云》的游戏世界里，也能订购真实的牛肉干，实现了"虚拟世界中的真实物品交易"。

组合创意技法

我没有发明任何新东西。我只是简单地把别人的发明组合成为一辆汽车而已，其背后，是人们数个世纪的工作。如果我早50年，甚至是早10年、早5年去做这件事，我可能都会失败。别的新生事物也是一样。进步发生，是因为其他所有为之准备的要素都已经到位了，进步成为不可避免的了。宣扬少数几个人是人类的这种最伟大进步的功臣，是一种最坏类型的胡说八道。

——福特汽车公司创始人 亨利·福特

组合是宇宙十分普遍的现象，例如，人体由运动系统、神经系统、内分泌系统、循环系统、呼吸系统、消化系统、泌尿系统、生殖系统这八大系统协调组合而成，而系统又由能够共同完成一种或几种生理功能的多个器官按照一定的次序组合而成，器官由几种不同的组织按照一定的次序结合在一起构成。再往下分析，组织是细胞通过分化产生的形态相似、结构和功能相同的细胞群，细胞群由细胞组合而成，细胞由细胞膜、细胞质、细胞核组合构成。

可以说，从浩瀚无垠的宇宙、太阳系到分子、原子、原子核、质子、夸克，从简单的零件排列、什锦、数字组合到复杂的人体结构，从庞大的国家机构、企业组织到社会基本单元家庭，从革命性技术、改良性技术到一般技术进步，都是由不同的事物组合而成。所以，迪恩·基思·西蒙顿在其著作《科学天才》中说："天才之所以成为天才，是因为他们比一般有天分的人进行更多新奇的组合"。史蒂夫·乔布斯也曾经说过："创造就是联系事物！"

组合创意技法是指，按照一定的技术原理或功能目的，将现有的科学技术原理、方法、现象、物品做适当的组合或重新安排，从而获得具有统一整体功能的新技术、新产品、新形象、新创意。

可口可乐公司曾联手奥美中国开展过一次全新传播活动"快乐重生"，旨在通过瓶盖创意，变喝过的可口可乐塑料瓶为有趣的实用物品，鼓励消费者回收和重复使用塑料，同时传播可口可乐全球可持续项目的理念。

"快乐重生"提供了 16 个瓶盖，这些瓶盖可以拧到可口可乐空瓶上，瞬间变身为生活中实用、有趣的物品或玩具，例如：泡泡机、画笔、喷水枪、哑铃、喷雾器和铅笔刀等。消费者只要购买一瓶可口可乐，就能得到这些创意十足的瓶盖。

（一）组合创意技法的类型

组合创意技法是创意上常用的方法，一般可以分为同物组合、异类组合、重新组合、概念组合和综合五种类型。

1. 同物组合

同物组合是一种直线思维式的创意技法，指的是两种或两种以上相同的或相近事物的组合。在保持事物原有功能或原有意义的前提下，通过数量的增加来增强功能，或增加新的功能、产生新的意义。而这种新功能或新意义，是原有事物单独存在时所缺乏的。比如，情侣表、母子装、鸳鸯剑等都是同物组合。很多企业在节假日期间会推出礼品套装，如中秋礼盒、营养套餐等，也是简单的同物组合。

在江西修水县，有一种"上不见水，下不见底"的菊花茶，以腌制的盐菊花为主料，配以茶叶、芝麻、黄豆、萝卜、柑橘皮、生姜、川芎、花生、花椒、桂花等佐料，最后冲泡成色、香、味俱佳的什锦茶。这是当地独有的茶品，受到了游客的欢迎。

现在，在手机性能大战中，从单核到双核、四核、八核，是复杂的同物组合。华为 Mate 7 高配版手机提供双安卓系统，两套系统完全隔离，独立运行，相互不可访问，利用的也是同物组合原理。

2. 异类组合

是指将两种或两种以上不同领域的技术原理、两种或两种以上不同功能的物质产品、两种或两种以上的不同种类的现象组合在一起，产生新技术、新事物、新形态的组合方法。如，将牙膏与中草药组合成药物牙膏，将电话与电视机组合成可视电话，将电视机与互联网组合成互联网电视等。

异类组合对象（思想或物品）来自不同的方面，一般没有主次之分。参与组合的对象从意义、原理、构成、成分、功能等各方面相互渗透，范围很广，创造性很强。概括起来，主要有下述几种组合方式。

（1）不同物体的组合

把两种或两种以上的不同物体适当组合在一起构成一种新的物体。现有市场上，有很多产品都是通过不同物体组合创造的。如音乐播放机、收录机、功夫茶台、音乐贺卡等。

众所周知，Nike（耐克）是一种运动服饰品牌。对于 Nike +，就很少有人了解了。Nike + 是一款用于组合的运动传感器，被放置在 Nike + 跑鞋鞋垫下特别设计的内置凹槽中，通过无线方式连接到 iPod（产品名）。iPod 能存储并实时显示运动的日期、时间、距离、热量消耗值、路线、总运动次数、运动时间、总距离和总卡路里等数据。跑步结束后，将 iPod 连接到电脑上，运动数据便会自动同步到 Nike + 进行统计和显示。

（2）不同材料的组合

不同材料的组合不仅可以创造出新材料、新产品，还可以满足某些环境或产品对材料具有相互矛盾的要求。如：钢芯电缆既是一种新产品，又能解决高导电、高绝缘的矛盾性要求；铝塑板、钢筋混凝土、塑钢门窗等都是通过不同材料的组合实现优势互补的；将磁性粉末与橡胶混合制成的"磁铁"

不仅富有磁性，还具有柔性。

（3）不同功能的组合

在某一物品的基本功能上增加其他功能，使创意对象多功能化。最典型的是瑞士军刀，它基本的工具为：圆珠笔、牙签、剪刀、平口刀、开罐器、螺丝起子、镊子等，如今新增了液晶时钟显示、LED 手电筒、电脑用 USB 记忆碟、打火机，甚至 MP3 播放器。而手机，也从最初的接听、拨打电话，发展到了集短信、彩信、照相机、播放器、指南针、手电筒、U 盘、电脑等多功能于一体，将来还会融合家庭电器遥控、货币支付、健康管理终端等功能。

在我国，普通的农业机械通常只有 1~2 项传统功能，但全球领先的农业机械企业约翰迪尔开发的"绿色之星"精准农业技术让传统农业跟上了时代的脚步，这项技术包括：

①全球卫星定位系统（GPS）：实施数据采集及田间耕作、播种、施肥、喷洒农药和收获等作业的准确定位；

②地理信息系统（GIS）：包括数据输入、数据库管理、数据分析及输出系统；

③传感器技术：实施数据采集及田间作业参数监测，如土壤探测、环境探测、速度探测等；

④监视器及计算机自动控制技术：将产量数据、土壤成分和田地条件、农艺要求等数据合成，与 GPS 结合起来，用来控制农业机械，以实现定位变量投入；

⑤智能化控制农业机械。这项看起来很高大上的技术，其实就是现有技术功能的组合。

如今，百度正在研发的百度智能筷子内置的传感器能够检测出地沟油或是变质的食物，也是一种功能的组合。

（4）不同方法的组合

在创意和实际工作中，把两种或两种以上的方法组合起来，往往会产生较好的效果。如中西医结合的方法诊疗病人，用幻灯片和板书结合的方法教学等。

故宫博物院推出的首款儿童 APP（应用程序）《皇帝的一天》，主要讲述了一个民间少年在卡通皇帝引领下，深入清代宫廷，了解皇帝一天的衣食起居、办公学习和休闲娱乐等生活细节。同时，还能玩转养心殿、乾清宫、御花园、畅音阁等重要建筑，更是设置了200多个大大小小的交互点，展现皇帝一天的生活轨迹。此款APP综合了科普方法、角色扮演法、解谜法、收集法、电子书等方法，采用了故事叙事手法和游戏通关策略；手绘画风活泼，宫廷人物可爱，还原了昔日紫禁城的全景。

（5）技术原理与技术手段的组合

将之前没有组合过的技术原理与技术手段进行结合，能使已有的技术原理或技术手段得到改造、完善或补充，甚至产生全新的思想、技术和产品。如英国生物学家艾伦·克鲁克把衍射原理与电子显微镜组合在一起，发明了晶体电子显微镜；管理学家把热力学第二定律——熵定律与管理组合，提出了管理熵的概念。现在热门的智慧城市、智慧旅游、智慧医疗也是技术原理与技术手段组合的结果。

（6）不同现象的组合

不同现象组合就是把某些自然现象、社会现象或者物理、化学现象进行组合，从而创造出新产品、新方法、新思想，以及发现新的原理。如人文地理学、文化人类学等。

其实，明星代言也是一种异类组合，是将有影响力的明星与需要获得消费者信任、喜爱的商品组合在了一起。请看下面的例子。

一个出版商仓库里积压着一批滞销书，很长一段时间都没有脱手。这天，他忽然想出了非常好的主意——给总统送书！于是，他便亲自给总统送去了一本书，并三番五次去征求意见。

工作繁忙的总统不愿意过多纠缠，于是就说："这本书不错。"之后，出版商便大做广告，说："现在有总统喜欢的书出售。"很快，书就卖完了。

不久，这个出版商又有书卖不出去，于是又送给总统一本。总统想奚落他，便说："这本书糟透了。"出版商巧动脑筋，又做广告说："现有总统讨厌的书出售。"结果，书很快又卖完了。

第三次，这个人将书送给了总统，总统不作任何答复。出版商做广告说："总统难以下结论的书。"结果，此书又被一抢而空。

3. 重新组合

指在创意对象的不同层次上分解原来的组合，然后再根据新的目的进行重新组合。这种组合方式不会增加新事物，主要是改变创意对象原先各组成部分间的相互关系。如变形金刚式的儿童玩具，可以组合成多种造型；七巧板式的组合家具，可以根据不同用途组合出沙发、床、桌子等多种家具。

4. 概念组合

概念组合是把发散思维时的关键命题或关键词进行组合以寻求新创意。它的组合规则是：如果两个命题中有能表示一定意义的连续相同的关键文字，那么将相同部分去掉，不改变剩余部分的结构顺序，组合在一起，就能得到一个新的、可加判断的命题结论。

如：

命题一：远程健康管理需要可穿戴智能终端。

命题二：可穿戴智能终端可设计成一种戒指。

命题三：一种戒指可以是玫瑰花形的。

去掉命题一、命题二中的重复部分"可穿戴智能终端"和命题二、命题三中的重复部分"一种戒指"后再拼接组合，便会得到一个新的结论：远程健康管理的终端可设计成玫瑰花形的戒指。

5. 综合

所谓综合，是将不同领域、不同类型的原理、技术、方法、事物、现象等以某个创意目标为中心，通过一定的方法有机地组合在一起。与上面的同物组合、异类组合等几种组合方式相比，综合是一种更高层次的组合。在知识和信息快速传播的当代，综合方法应用得越来越广泛。在日本，就有"综合就是创造"的说法。

学科交叉会逐渐形成一批交叉学科，如化学与物理学的交叉形成了物理化学和化学物理学，化学与生物学的交叉形成了生物化学和化学生物学，物理学与生物学交叉形成了生物物理学，生物学和金融学交叉形成了进化金融学等。

在"第十九届中国国际广告节·中国元素国际创意大赛"上，景德镇陶瓷学院教师杨超的作品"China image——带优盘功能的陶瓷首饰设计"获得金奖。这款作品的设计综合了景德镇陶瓷、青花、粉彩、米奇、U 盘等元素概念，融东西方文化为一体。不仅外观时尚素雅，而且在功能上具有多用性，除观赏性以外，单体分开后是两个 U 盘，兼具信息存储与携带的功能，赋予了首饰全新的概念。

China image—带优盘功能的陶瓷首饰设计

（二）组合创意技法的实施步骤

组合技法是一种直接有效的思考方式，在创意时较为直观，可以构造出基于多个常规事物又有"1 + 1 > 2"的"成果"。

通常可以按照以下步骤进行组合创意：

（1）明确创意输入要素，思考所需要解决的问题、挑战、产品、概念等，分解其关键技术、功能、结构等核心因素。

（2）分别对标这些核心因素对应的现有事物，写出它们的名称。

（3）将这些对标后的事物进行直接组合。

（4）选择具有创新性、可行性和价值性的组合进行进一步优化。

（三）组合创意技法的应用示例

扣除三餐中由食物摄取的水分，正常人每天需要再喝 1500 毫升左右的水。很多人会因为忙、不在意等原因忘掉喝水，有什么好办法能提醒人们按时补充水分呢？有人说，可以设计一款闹钟式的 APP。可是，应用商店里有多款喝水 APP，但没用多久很多人就视而不见了。

（1）明确创意输入要素：找出提醒人们按时喝水的方案。所需要解决的问题是"按时提醒"和"水"。

（2）"按时提醒"对标现有事物：闹钟、计时器等；"水"对标现有事物：矿泉水、纯净水等。

（3）将"闹钟""计时器"与"矿泉水""纯净水"等进行直接组合，可以形成装有闹钟的矿泉水、装有计时器的纯净水、装有闹钟的纯净水、装有计时器的矿泉水等创意。

（4）从装有闹钟的矿泉水、装有计时器的纯净水、装有闹钟的纯净水、装有计时器的矿泉水等创意中选择具有创新性、可行性和价值性的组合，如装有计时器的矿泉水，进行进一步优化（如何组合更方便、有效、有趣、成本更低等）。

矿泉水品牌 Vittel 通过市场调查，对人们的喝水现状作了分析，之后和巴黎奥美合作，为不爱喝水、太忙总是忘记喝水的人群设计了一款自带提醒装置的矿泉水。原理很简单，通过矿泉水和计时器异类组合，把计时器装在了瓶盖上。当时间倒数完毕，瓶盖上就会"嗖"的弹出一面小旗——主人，您该喝水啦！

当人们配合地喝完水，拧上盖子的动作又会重启计时，一小时后会再次提醒，如此周而复始地履行喝水管家的职责。

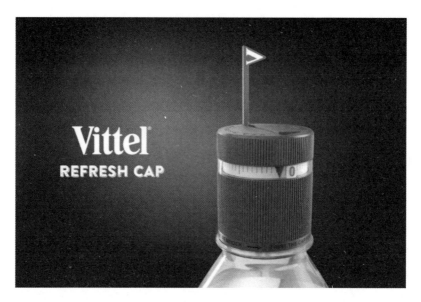

　　KITKAT 公司利用组合技法，推出了一款新笔记本。通常情况下，它只是个不同纸质的笔记本，但封面却藏有玄机——右下角有个吹气口，只要对着这个口使劲吹气，笔记本就会变成一个小枕头。如此一来，不论是在办公室午休，还是在旅行途中，都会拥有一个从笔记本变枕头的美梦伴侣。

📎 *创意小点子*

在 1998 年之前的几年中，冰箱在日本市场上严重滞销，零售价以每年 5% 的幅度下跌，各厂家叫苦不迭。当时，日本三菱公司发现，-18℃ 的冰箱把肉食冻得很硬，食用时很不方便；而 0℃ 左右的冷藏室无法冻肉，两者都有缺陷。于是，他们增加了一个 -7℃ 的软冻室。于是，在 1998 年 2 月到 1999 年 2 月的一年里，冰箱的销售量比上年同期增长了 6.1%。

灵感创意技法

创新是企业家的具体工具，也就是他们借以利用变化作为开创一种新的实业和一项新的服务机会的手段。……企业家们需要有意识地去寻找创新的源泉，去寻找表明存在进行成功创新机会的情况变化扩其征兆。他们还需要懂得成功的创新原则并加以运用。

——彼得·德鲁克

创意的出现是突发的、飞跃式的！我国著名科学家钱学森说："创意一般都出现在大脑高度激发状态，高潮多时很短暂，瞬息即逝。"进行长期思索之后，潜意识里就会出现一个像漂浮在水上的不停起伏的皮球似的念想，那个念想会在散步中、在看电影时、在闲暇时、在泡澡时，出其不意的一刹那，产生飞跃，于是灵感就会从蕴积中骤然爆发，新的创意就会产生。

《视野》2009 年 6 期载有一篇崔鹤同的《"梦想"可以成真》文章，讲到了一个案例。

1921 年，奥地利格拉茨大学药物学教授洛伊在复活节的前一天夜里醒来，脑海里漂浮着一个极好的想法，他马上拿过纸笔简单地记录下来。第二天早上醒来，他知道昨天夜里产生了灵感，但令他惊愕不已的是：怎么也看不清自己所做的笔记。

洛伊在实验室里整整坐了一天，面对熟悉的仪器，总是回想不起那个设想。到晚上睡觉时，仍然一无所得。但是到了夜间，他又一次从梦中醒来，还是同样的顿悟，他高兴极了，做了细致的记录后，才回去睡觉。

次日，洛伊走进实验室，杀掉了两只青蛙，证明了神经搏动的化学媒介作用。神经冲动的化学传递就这样被发现了，它开启了一个全新的研究领域，并使洛伊获得 1936 年诺贝尔生理学和医学奖。

毋庸置疑，洛伊的成就源于灵感，但灵感的基础是平时的所做所思所想。袁隆平曾说："灵感是知识、经验、追求、思索与智慧综合实践在一起而升华了的产物。"因此，虽然灵感的产生看似是突然出现的，但那是靠丰富的知识和执着于解决问题的苦苦思索孕育的。长时间思考一个问题，大脑就会建立许多暂时的联系，一旦受到某种刺激，就会豁然开朗。"众里寻它千百度，蓦然回首，那人却在灯火阑珊处"说的就是这样的道理。

俄国画家列宾曾经说过："灵感是对艰苦劳动的奖赏。"凯库勒发现苯环结构，不仅要归于炉边的灵感，更应归于之前的长期思索。

（一）引发灵感的基本方法

灵感是顿悟式的，可以通过任何方法引发，如观察分析、对比联想、参与实践、判断推理、暂时分心等。灵感也可能在任何时间、任何空间产生。这里就有一些名人获得灵感的方法。

1. 导演伍迪·艾伦：灵感从莲蓬头来

伍迪·艾伦身兼作家、演员、导演数职，他的源源不绝的灵感究竟是哪儿来的呢？淋浴！伍迪·艾伦每天都会冲澡等待灵感来临，甚至有时候还会呆站在莲蓬头之下长达一小时。伍迪·艾伦在《时尚先生》（Esquire）杂志的专访中谈道："淋浴的时候，热水当头淋下，让你暂时抽离真实世界，灵感就来报到。"

2. 科学家阿基米德：澡堂里解决难题

让很多中学生恨得牙痒痒的阿基米德原理，就是在澡堂里悟出的。据说，当时国王怀疑打造王冠的金匠不老实，于是请阿基米德检验：王冠是不是纯金的！这道题目，当时的科技无法解决的，差点难倒了厉害的阿基米德。

一天，阿基米德在泡澡时，看着上升的水位，突然发现了浮力原理。阿基米德兴奋极了，光溜溜地冲出浴缸，大喊："尤里卡！尤里卡！"（希腊语："我发现了！"）

美国作家葛楚史坦：大眼瞪牛眼

葛楚史坦是美国作家，被誉为巴黎教母。她用自己的一双慧眼，发掘出了当时尚未成名的文人与画家。她家更是当时巴黎最时髦的沙龙，马蒂斯、毕加索、塞尚、海明威、费兹杰罗等都固定在她家聚会。

大家都很好奇葛楚史坦的灵感来源，她说，她每天只写作30分钟，而且一定要找到一头牛，跟它大眼瞪小眼才写得出来。她会开着车在农场闲晃，看着牛群，直到找到最能激发她灵感的那头牛。

（二）捕捉灵感

引发灵感的方法因人而异，难以复制，但灵感的出现却是有规律的。如何来捕捉灵感呢？

1. 善于学习，勤于思考

这是激发和捕捉灵感的最基本条件。心有所思，人有所悟。著名美学家王朝闻在《王朝闻集》第11卷《审美谈》中写道："联想和想象当然与印象或记忆有关，没有印象和记忆，联想或想象都是无源之水，无本之木。但很明显，联想和想象都不是印象或记忆的如实复现。"可见，平时积累的重要。

2. 持续提高逻辑思维能力、联想与想象能力和直觉顿悟能力

这些能力决定了灵感引发的自由程度，能力越强，自由程度就越高；能力越弱，自由程度就越低。

3. 寻找激发诱因

根据创意输入找到与之相关的概念，记在心中，在四周扫描。

4. 头脑风暴，集思广益

在无约束的讨论环境里，站在更多人创意的基础上激发灵感。

5. 随想随记

灵感一般都是突如其来，突如其去，需要随想随记。如果身边没有纸笔，可以记到手机里，有道云笔记也是一个很好的记录工具。

6. 放松身心，营造灵感时机

每个人都有适合让自己放松的环境，可能是禅室、茶坊、浴缸、云雾缭绕的山顶，也可能是喧嚣的游戏厅、运动场甚至是一支烟。在苦思不得时，可以置身于上述环境中，促使灵感产生。

 创意小点子

自从徐文长出名之后，有些人总不相信，老想出点儿难题考考他。一天，徐文长进一家小店吃汤面。掌柜见他来了，故意让店小二将汤面装得满满的，然后对他说："徐文长，汤面太烫了，我家店小二没法端，你聪明，还是你想想办法吧。"

徐文长走进厨房，看到锅台上放着一碗几乎快要溢出来的热汤面。他向四周看了看，一块抹布也没有。他知道掌柜在故意刁难自己，于是就俯下身准备喝汤，可是汤太烫了。

这时，掌柜笑着说："没想到，你徐文长也有解决不了的问题啊！"徐文长想了想，立刻跟着笑了起来。他取来一双筷子，用右手拿着它轻轻地挑起小半碗面；这时，汤一下子就降了下去；然后，他便从容不迫地用左手端起面条走出了厨房。

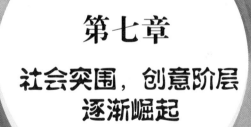

第七章

社会突围，创意阶层
逐渐崛起

蓝领阶层兴起于 19 世纪，白领阶层发轫于 20 世纪，21 世纪将由创意阶层主宰。在 21 世纪的经济史中，"创意人"必将成为一个核心的关键词。当"创意产业"这个词汇日渐成为学者乃至记者口中的时髦称谓时，"创意人"阶层的崛起也将成为一种历史必然。

需要注意的是，这里的"创意阶层"并不是一个政治或阶级的概念，而是一个社会群体的概念。这个社会群体比其他社会群体更能深刻地影响着创意产业、社会经济的发展，甚至是全球化进程。他们承担了产业发展和兴盛的重任，他们也被这些重任影响和成就。

"创客"的诞生也正是基于此。技术的进步、社会的发展，推动了科技创新模式的嬗变。传统的以技术发展为导向、科研人员为主体、实验室为载体的科技创新活动正转向以用户为中心、以社会实践为舞台、以共同创新、开放创新为特点的用户参与的创表 2.0 模式。科技发展不仅可以改变个人通信，也将改变个人设计、个人制造以及整个创新阶层的更新。

梦想社会，是让人从现有的生产关系中脱身出来，是整个社会从冷冰冰的物质关系中的突围。而这些，有赖于创意经济的发展和创意阶层的崛起。

经济增长的秘密

什么因素使得一些国家富裕而另一些国家贫困？自亚当·斯密的时代开始，经济学家们一直在探究这一问题。然而，在过了 200 年之后，人们仍然没有找到经济增长的秘密。

——E·赫尔普曼《经济增长的秘密》

1971 年，美国经济学家库兹涅茨接受诺贝尔经济奖时，给经济增长下了这样一个定义：

> 一个国家的经济增长，可以定义为给居民提供种类日益繁多的经济产品的能力长期上升，这种不断增长的能力是建立在先进技术以及所需要的制度和思想意识之相应的调整的基础上的。

库兹涅茨认为，经济增长的原因主要是知识存量的增加、劳动生产率的提高和结构方面的变化。

增长经济学认为，经济增长的主要因素是：物资和人力资本的积累；全要素生产率的提高；知识跨国流动，国际贸易和投资影响对创新、模仿和使用新技术的激励，各国的增长率相互依赖；经济和政治制度影响对积累和创新的激励。

E·赫尔普曼则认为，制度（包括产权保护、法律体制、习惯和政治体制）是解开经济增长的秘密的钥匙。鉴于文化信念、社会信任和价值观对财富创造和市场交易的影响，近年来，有不少学者主张文化和社会资本是一国经济快速增长的主要决定因素。

不论是库兹涅茨的观点——增长经济学理论，还是E·赫尔普曼对制度、文化和社会资本的看法，它们可能都是经济增长的原因，但背后的决定力量一定是高水平的创意。

- 创意能促使知识存量的增加、提高劳动生产率、改进经济结构；
- 创意能加快物资和人力资本的积累；
- 创意能提高全要素生产率；
- 创意能加速知识跨国流动；
- 创意能使制度更为有效；
- 创意本身就是文化的范畴，能丰富和强大文化。

在第一章我们认为是创意驱动社会前行，提高了社会的整体福利水平；《创意经济报告2013》指出创意经济在创造收入、创造就业机会和出口收入方面成果卓著，它的年均增长率超过8.8%，成为世界经济发展最快的部门之一。创意产业每天为世界创造220亿美元的价值，以高于传统产业24倍的速度增长。

因此可以认为，在经历了要素驱动型阶段之后，效率驱动型阶段和创新驱动型阶段都需要大创意去激发、去引领。经济增长的秘密是创意，是存在于全领域、全行业、全时空的创意。国家的经济增长能力越来越取决于国民整体的创意能力——我们可以把它定义为组织创意商。

📎 创意小点子

服帛降鲁梁

《管子·轻重戊第八十四》载：桓公曰："鲁梁之于齐也，千谷也，蜂螫也，齿之有唇也。今吾欲下鲁梁，何行而可？"管子对曰："鲁梁之民俗为绨。公服绨，令左右服之，民从而服之。公因令齐勿敢为，必仰于鲁梁，则是鲁梁释其农事而作绨矣。"桓公曰："诺。"即为服于泰山之阳，十日而服之。管子告鲁梁之贾人曰："子为我致绨千匹，赐子金三百斤；什至而金三千斤。"则是鲁梁不赋于民，财用足也。

鲁梁之君闻之，则教其民为绨。十三月，而管子令人之鲁梁，鲁梁郭中之民道路扬尘，十步不相见，曳缣而踵相随，车毂齺，骑连伍而行。管子曰："鲁梁可下矣。"公曰，"奈何？"管子对曰："公宜服帛，率民去绨。闭关，毋与鲁梁通使。"公曰："诺。"

后十月，管子令人之鲁梁，鲁梁之民饿馁相及，应声之正无以给上。鲁梁之君即令其民去绨修农。谷不可以三月而得，鲁梁之人籴十百，齐粜十钱。二十四月，鲁梁之民归齐者十分之六；三年，鲁梁之君请服。

注释：

桓公说："鲁国、梁国对于我们齐国，就像田边上的庄稼，蜂身上的尾螫，牙外面的嘴唇一样。现在我想攻占鲁梁两国，怎样进行才好？"管仲回答说："鲁、梁两国的百姓，从来以织绨为业。您就带头穿绨做的衣服，令左右近臣也穿，百姓也就会跟着穿。您还要下令齐国不准织绨，必须仰给于鲁、梁二国。这样，鲁、梁二国就将放弃农业而去织绨了。"桓公说："可以。"就在泰山之南做起绨服，十天做好就穿上了。管仲还对鲁、梁二国的商人说："你们给我贩来绨一千匹，我给你们三百斤金；贩来万匹，给三千斤。"这样，鲁、梁二国即使不向百姓征税，财用也充足了。

鲁、梁二国国君听到这个消息，就要求他们的百姓织绨。十三个月以后，管仲派人到鲁、梁探听。两国城市人口之多使路上尘土飞扬，十步内都互相看不清楚。走路的拖着鞋不能举踵，坐车的车轮相碰，骑马的列队而行。管仲说："可以拿下鲁、梁二国了。"桓公说："该怎么办？"管仲回答说："您应当改穿帛料衣服，带领百姓不再穿绨。还要封闭关卡，与鲁、梁断绝经济往来。"桓公说："可以。"

十个月后，管仲又派人探听，看到鲁、梁的百姓都在不断地陷于饥饿，连朝廷"一说即得"的正常赋税都交不起。两国国君命令百姓停止织绨而务农，但粮食却不能仅在三个月内就生产出来，鲁、梁的百姓买粮每石要花上千钱，而齐国的粮价才每石十钱。两年后，鲁、梁的百姓有十分之六投奔齐国。三年后，鲁、梁的国君也都归顺齐国了。

创意阶层在哪里

知道居住地会影响人们的幸福；知道最快乐的社区是开放的、充满活力的、人们可以自由表达想法并形成自我认同的地方；知道这些社区将孕育创意，这都是好事情。但要完成第一步——找到能让我们幸福的地方，并不容易。

——理查德·佛罗里达《你属于哪座城》

当创意经济飞速发展，吸纳集聚更多社会资源时，我们需要清楚地知道创意阶层在哪里：他们在什么地方生活？他们在什么行业工作？

（一）创意阶层在什么地方生活

创意阶层在什么地方生活？在城市！

当创意成为经济增长的重要力量时，在经济活动最活跃之处就能轻易找到创意阶层的身影。

经济活动最活跃之处就是城市！城市是经济活动的中心，是社会财富的聚集地，是文化中心，也是信息中心。同时，城市也是经济活动、社会财富、文化和信息的载体。当代经济的一个很显著的特征就是城市、城市群、城市带和都市圈的出现。

理查德·多布斯和杰安娜·里米兹在《外交政策》文章里认为：

> 如果要为全球低迷的经济寻找一线曙光，那就是"城市的崛起"。当
> 欧洲、美国正竭力抵挡脆弱且不稳定的经济颓势时，向东方和南半球发
> 展的经济平衡转型，正以前所未有的速度和范围发生着——"城市化"
> 是其中最大的功臣。显而易见，我们正亲眼目睹不曾预想的最大的经济
> 转型，新兴国家城市的人口正在扩大，他们的收入迅速增长。这就造成
> 了巨大的"地缘政治的转变"，催生出改变世界商店分布和投资方式的
> "新的消费群体"。

随着信息技术的发展、知识跨国流动、世界贸易的增加和新的国际劳动
分工的逐步形成，以及国际直接投资和跨国公司对各国经济的影响加强，城
市在全球经济中所扮演的角色日益重要，世界城市开始出现。

1991年美国社会经济学家萨斯凯·萨森在其著作《全球城市》中定
义了世界城市：高度集中化的世界经济控制中心；金融和特殊服务业的主
要所在地；包括创新生产在内的主导产业的生产场所；产品和创新的
市场。

经济活跃的地方是城市，经济最活跃的地方是世界城市，创意阶层也是
生活在城市，但哪些城市会吸引他们，成为他们的心所安处？

1. 2025年全球最具活力的75个城市

2012年8月20日，美国《外交政策》杂志评出了"2025年全球最具活
力的75个城市"，这份榜单由美国麦肯锡全球研究院（MGI）提供，评估依
据主要以各国国内人均GDP（国内生产总值）增长率为基础，结合各国城市
人口规划和当地统计机构以及联合国提供的数据，从全球2650个城市中，选
择出了最有活力的75个城市。

麦肯锡认为，这75个城市"从现在到2025年，估计它们总共能够提供
全球超过30%的GDP。它们是世界的经济引擎"。

中国包括港台地区共有30个城市入选，占整个榜单的40%。这30个城
市是：上海、北京、天津、广州、深圳、重庆、武汉、佛山、南京、成都、
杭州、东莞、沈阳、西安、苏州、香港、大连、无锡、宁波、济南、厦门、
青岛、台北、哈尔滨、常州、合肥、徐州、长沙、福州、唐山。

2. 2030年世界50个最大城市经济体

牛津经济学公司在2014年发布的《世界750座大城市未来的机遇与市场》报告中预测：到2030年，全球750座大城市将容纳28亿人口，占全球人口总数的35%；这些城市将提供11亿个工作岗位，占全球工作岗位总数的30%；这些城市每年将创造80万亿美元的GDP，占全球GDP总量的61%；2亿高收入家庭将居住在这些城市，占全球高收入家庭总数的60%；这些城市每年将有40万亿美元消费性支出，占全球消费性支出的55%。

报告预测了2030年全球50个最大城市（GDP），其中中国有24座城市上榜，分别是：

（单位：10亿美元）

排名	城市	GDP 总量	排名	城市	GDP 总量
2	上海	734	25	杭州	263
3	天津	625	27	长沙	251
4	北京	594	29	大连	233
6	广州	510	30	唐山	232
7	深圳	508	32	无锡	226
9	重庆	432	35	东莞	218
10	苏州	394	37	宁波	212
14	佛山	302	38	郑州	211
15	武汉	301	39	南京	206
16	成都	300	40	烟台	193
22	青岛	270	46	泉州	175
23	沈阳	268	47	济南	173

3. 中国主要城市群

不论是麦肯锡还是牛津经济学公司的研究，都说明了这样一个道理：一个国家的竞争力，越来越取决于是否拥有若干经济实力强大的城市群或世界城市。在中国，区域经济正由传统的省域经济向城市群经济转变，城市群已成为中国区域发展的主要空间形态。

2012 年，中国 23 个主要城市群以占全国 30.21% 的国土面积，聚集了全国 65.69% 的人口，创造了 90.49% 的地区生产总值。其中，长三角城市群、京津冀城市群、珠三角城市群、成渝城市群、山东半岛城市群、辽中南城市群、哈长城市群、海峡西岸城市群、长株潭城市群、中原城市群排名前十的城市群，更是以 14.72% 的国土面积，聚集 46.86% 的人口，创造了全国 71.67% 的地区生产总值。

这 23 个城市群是：长三角城市群、京津冀城市群、珠三角城市群、海峡西岸城市群、山东半岛城市群、成渝城市群、辽中南城市群、哈长城市群、中原城市群、江淮城市群、环长株潭城市群、关中天水城市群、武汉城市群、北部湾城市群、太原城市群、黔中城市群、东陇海城市群、宁夏沿黄城市群、滇中城市群、呼包鄂榆城市群、兰州西宁城市群、环鄱阳湖城市群、天山北坡城市群。

可以预见，国内 60% 以上的创意阶层将集聚在这 23 个城市群里，长三角城市群、京津冀城市群、珠三角城市群、成渝城市群等十大城市群更是创意阶层的首选地。

（二）创意阶层在什么行业工作

创意阶层在人口、资源、财富集中的城市里生活，层级更高的创意阶层在世界城市生活。那创意阶层在什么行业工作呢？或者说，哪些行业的从业人员才属于创意阶层呢？

1. 创意产业的分类

由于各个国家和地区的经济社会发展阶段以及文化背景的差异，加之创意产业本身是动态发展的特点，创意产业的分类目前没有统一标准，分法众多，比较有影响的是英国文体传媒部的 DCMS 模型、世界知识版权组织统计模型、联合国教科文组织统计模型等。

下表是部分国家和地区对创意产业的界定与分类情况。

国家和地区	界定和分类
英国（13类）	包括广告、建筑、美术和古董市场、手工艺、设计、时尚、电影、互动休闲软件、音乐、表演艺术、出版、软件与电脑服务、电视和广播13类
美国（4类）	一是核心版权产业，包括电影、录音、音乐、图书报纸、软件、戏剧、广告及广播电视；二是部分版权产业，较为典型是建筑业、玩具制造业、纺织品制造业等；三是发行类，主要指相关的运输服务业、批发和零售业等；四是版权关联产业，如计算机、电视机等
日本（3类）	一是内容制造业，包括个人电脑及网络、电视、多媒体系统建构、数字影像处理、数字影像信号发送、录影软件、音乐录制、书籍杂志、新闻、汽车导航10类；二是休闲产业，包括学习休闲、鉴赏休闲、运动设施、学校及补习班、比赛演出售票、国内旅游、电子游戏、音乐伴唱8类；三是时尚产业，包括时尚设计、化妆品2类
韩国（17类）	包括影视、广播、音像、游戏、动画、卡通形象、演出、文物、美术、广告、出版印刷、创意性设计、工艺品、传统服装、传统食品、多媒体影像软件、网络17类
中国香港（13类）	包括广告、建筑、漫画、设计、时尚设计、出版、游戏软件、电影、艺术与古董、音乐、表演艺术、软件及资讯服务业、电视13类
中国台湾（13类）	包括视觉艺术、音乐与表演艺术、文化展演设施、工艺、电影、广播电视、出版、广告、设计、设计品牌时尚、建筑设计、创意生活、数码休闲娱乐13类

资料来源：李跃进，《〈浙江省文化创意产业发展规划〉解读》

按照联合国教科文组织（UNESCO）和联合国开发计划署（UNDP）发布的《创意经济报告2013》中的"文化创意产业模型—同心圆模型"，文化创意产业分类如下。

《北京市文化创意产业分类标准》将文化创意产业分为：文化艺术，新闻出版，广播、电视、电影，软件、网络及计算机服务，广告会展，艺术品交易，设计服务，旅游、休闲娱乐和其他辅助服务9大类，27个中类，88个小类。

（1）文化艺术

文艺创作、表演及演出场所，文化保护和文化设施服务，群众文化服务，文化研究与文化社团服务，文化艺术代理服务。

类别	行业
核心文化艺术	文学
	音乐
	表演艺术
	视觉艺术
其他核心创意产业	电影
	博物馆，美术馆，图书馆
	摄影
更广泛的文化产业	传统服务
	出版和印刷媒体
	电视和电台
	录音
	视频和电脑游戏
相关产业	广告
	建筑
	设计
	时尚

（注：左侧合并单元格为"文化创意产业"）

（2）新闻出版

新闻服务，书、报、刊出版发行，音像及电子出版物出版发行，图书及音像制品出租。

（3）广播、电视、电影

广播、电视服务，广播、电视传输，电影服务。

（4）软件、网络及计算机服务

软件服务，网络服务，计算机服务。

（5）广告会展

广告服务，会展服务。

（6）艺术品交易

艺术品拍卖服务，工艺品销售。

（7）设计服务

建筑设计，城市规划，其他设计。

（8）旅游、休闲娱乐

旅游服务，休闲娱乐服务。

（9）其他辅助服务

文化用品、设备及相关文化产品的生产，文化用品、设备及相关文化产品的销售，文化商务服务。

《上海市文化创意产业分类目录》将文化创意产业分为：出版业、艺术业、工业设计、建筑设计、网络信息业、软件与计算机服务业、咨询服务业、广告及会展服务、休闲娱乐服务和文化创意相关产业 10 大类，28 中类，102 小类。

（1）出版业

新闻出版服务，广播、电视服务。

（2）艺术业

文艺创作、表演及演出服务，电影制作、发行与放映，文化保护和文化设施服务，群众文化服务，文化艺术策划及代理服务。

（3）工业设计

工业产品设计，工艺品美术品制造，工程与技术设计。

（4）建筑设计

规划管理，工程勘察设计和管理服务，绿化管理，建筑装饰业。

（5）网络信息业

互联网信息服务，广播、电视、卫星传输。

（6）软件与计算机服务业

软件及计算机辅助设计，计算机应用服务。

（7）咨询服务业

商务咨询，科技咨询，社科咨询，其他咨询。

（8）广告及会展服务

广告服务业，会展服务业。

（9）休闲娱乐服务

旅游服务，文化消费及休闲娱乐服务。

（10）文化创意相关产业

文化创意用品、设备的生产；文化创意用品、产品、设备的销售。

不论各个国家和地区对创意产业的分类如何不同，我们从中都能发现创意产业的内涵和外延都越来越广，也许不久的将来，就会像维珍集团的老板理查德·布兰森说的那样，一切行业都是创意业。

2. 创意阶层的职业

在上述众多且越来越多的行业中发现了创意阶层的身影，那他们会以什么身份，或者什么职业、什么头衔出现呢？理查德·佛罗里达在《你属于哪座城》中认为，创意阶层由超级创意核心和专业创意人士组成。后来，又在《创意阶层的崛起》一书中认为，"除了这类核心群体，创意阶层还包括'创新专家'，他们广泛分布在知识密集型行业，如高科技行业、金融服务业、法律与卫生保健业以及工商管理领域。他们创造性地解决问题，同时，还利用广博的知识体系来处理具体的问题。"

（1）超级创意核心有：

- 计算机和数学类职业；
- 建筑和工程类职业；
- 生命科学、自然科学和社会科学类职业；
- 教育、培训和图书馆类职业；
- 艺术、设计、娱乐、体育和媒体类职业。

（2）专业创意人士有：

- 管理类职业；
- 商业和财务运营类职业；
- 法律类职业；
- 医疗和技术类职业；
- 高端销售和销售管理类职业。

澳大利亚统计局（ABS）制订的文化职业分类认为文化创意职业包括：

（1）创造性的职业

- 视觉艺术家；

- 摄影师、雕塑家、工匠；
- 作家、编辑；
- 音乐家、作曲家、歌手；
- 舞者、舞蹈指导；
- 演员；
- 导演。

(2) 其他文化创意职业

- 设计师；
- 建筑师；
- 记者；
- 主持人；
- 制作人；
- 图书馆员；
- 策展人；
- 管理员；
- 技术人员；
- 支持人员。

这只是目前已统计的职业，随着创意产业外延的持续扩展，将会有越来越多的职业进入创意阶层。某一天，可能是全部。他们是技术工程师，是思想设计师，也是人生艺术家。

创意小点子

买鹿制楚

《管子·轻重戊第八十四》则载：桓公问于管子曰："楚者，山东之强国也，其人民习战斗之道。举兵伐之，恐力不能过。兵弊于楚，功不成于周，为之奈何？"管子对曰："即以战斗之道与之矣。"公曰："何谓也？"管子对曰："公贵买其鹿。"桓公即为百里之城，使人之楚买生鹿。楚生鹿当一而八万。

管子即令桓公与民通轻重，藏谷什之六。令左司马伯公将白徒而铸钱于庄山，令中大夫王邑载钱二千万，求生鹿于楚。楚王闻之，告其相曰："彼金钱，人之所重也，国之所以存，明王之所以赏有功。禽兽者群害也，明王之所弃逐也。今齐以其重宝贵买吾群害，则是楚之福也，天且以齐私楚也。子告吾民急求生鹿，以尽齐之宝。"楚人即释其耕农而田鹿。

管子告楚之贾人曰："子为我致生鹿二十，赐子金百斤。什至而金千斤也。"则是楚不赋于民而财用足也。

楚之男子居外，女子居涂。隰朋教民藏粟五倍，楚以生鹿藏钱五倍。管子曰："楚可下矣。"公曰："奈何？"管子对曰："楚钱五倍，其君且自得而修谷。钱五倍，是楚强也。"桓公曰："诺。"因令人闭关，不与楚通使。

楚王果自得而修谷，谷不可三月而得也，楚籴四百，齐因令人载粟处芊之南，楚人降齐者十分之四。三年而楚服。

注释：

桓公问管仲说："楚，是山东的强国，其人民习于战斗之道。出兵攻伐它，恐怕实力不能取胜。兵败于楚国，又不能为周天子立功，该怎么办？"管仲回答说："就用战斗的方法来对付它。"桓公说："这怎么讲？"管仲回答说："您可用高价收购楚国的生鹿。"桓公便营建了百里鹿苑，派人到楚国购买生鹿。楚国的鹿价是一头八万钱。

管仲首先让桓公通过民间买卖贮藏了国内粮食的十分之六。其次派左司马伯公率民夫到庄山铸币。然后派中大夫王邑带上二千万钱到楚国收购生鹿。楚王得知后，向丞相说："钱币是谁都重视的，国家靠它维持，明主靠它赏赐功臣。禽兽，不过是一群害物，是明君所不肯要的。现在齐国用贵宝高价收买我们的害兽，真是楚国的福分，上天简直是把齐国送给楚国了。请您通告百姓尽快猎取生鹿，换取齐国的全部财宝。"楚国百姓便都放弃农业而从事猎鹿。

管仲还对楚国商人说："你给我贩来生鹿二十头，就给你黄金百斤；加十倍，则给你黄金千斤。"这样楚国即使不向百姓征税，财用也充足了。

楚国的男人为猎鹿而住在野外，妇女为猎鹿而住在路上。结果是隰朋让齐国百姓藏粮增加五倍，楚国则卖出生鹿存钱增加五倍。管仲说："这回可以取下楚国了。"桓公说："怎么办？"管仲回答说："楚存钱增加五倍，楚王将以自得的心情经营农业，因为钱增五倍，总算表示他的胜利。"桓公说："不错。"于是派人封闭关卡，不再与楚国通使。

楚王果然以自鸣得意的心情开始经营农业，但粮食不是三个月内就能生产出来的，楚国粮食高达每石四百钱。齐国便派人运粮到芊地的南部出卖，楚人投降齐国的有十分之四。经过三年时间，楚国就降服了。

创意阶层的崛起

我们既不知道将来会出现何种扶持创意的新思想，也不知道这种新思想将诞生于何地。但是可以作两个比较稳妥的预测：第一，那些采用创新手法在私营部分大力倡导商业创意的国家将在 21 世纪取得领先优势；第二，这种类型的新思想和新创意将会涌现。那些认为所有发明都已经问世、所有制度都已经完善、所有政策杠杆都已运用的说法是缺乏想象力的表现。

——美国经济学家斯坦福大学教授　保罗·罗默

经济基础决定上层建筑！当创意经济逐渐主导国民经济时，创意阶层自然会成为整个社会的中坚阶层。

理查德·佛罗里达认为，美国社会已分化为四个主要的职业群体，分别是：农业阶层、工业阶层、服务业阶层和创意阶层（尽管这是按照产业和职业大类来进行的粗略分类，但强调了创意阶层的价值），创意阶层与服务业阶层构成了第三产业从业人口。其中创意阶层已经占到就业总人数的 1/3 以上，欧洲的先进国家，这个比例也在 25% 以上。

根据《2014 中国统计年鉴》的数据，美国 2010 年三次产业就业结构为 1.6%、16.7%、81.2%，而中国 2013 年三次产业就业结构为 31.4%、30.1%、38.5%，第三产业从业人员所占比例远低于美国的 81.2%，德国、法国等欧洲国家第三产业从业人员比例也都高达 70% 以上。鉴于我国服务业产业规模小、以传统服务业为主的现状，即使假设创意阶层占第三产业从业人员的比例为 1/3，创意阶层所占就业总人数的比例也不到 13%。

尽管当财富、人口、资源积累到一定规模时，创意阶层的崛起是必然，但其崛起路径的不同，会对社会经济的发展速度、创意产业发展的深度和广度产生巨大影响，进而影响城市和国家的竞争力。这一点对中国来说显得尤为重要。

（一） 创意阶层的自然生长

自然生长是指创意阶层随着社会经济的发展、创意产业比重的扩大而自然壮大，是一个被动的过程。被动，意味着失去先机。只能以追随者的角色后知后觉、亦步亦趋地跟着领先者的步伐被大环境推着向前走，速度慢，意味着落后。

创意阶层自然生长是一种伴随创意经济壮大的机遇式发展，就像是山涧里的一朵浪花，只要不自行脱离溪流，紧随大众，就能达到大海。可是，虽然它搭了便车，但它的命运是由他人控制的，这也是其最大的风险。随着知识产权保护范围和力度的加强，自然生长的自由度就越低；失去了自由，也就失去了创意。

让创意阶层自然生长是因为缺乏远见，墨子在《天下志》中说："天下之所以乱者，其说将何哉？则是天下士君子，皆明于小而不明于大。何以知其明于小不明于大也？以其不明于天之意也。"明于小，专事于器具层面的创意，只知"形而下"；不明于大，忽略了制度和文化，不知"形而上"；不明于天之意，看不到社会经济发展趋势，不能"取势"。因此，"道"不"明"，"术"难"优"，最后自然只能落个"丫鬟"的结局。

（二） 创意阶层主动崛起

主动崛起是指，通过政府的资源、环境、文化、政策等要素激励创意经济快速发展，加快创意阶层自我塑造和主动形成。

通过分析资源、环境、文化、政策作为创意引擎外部要素的重要作用，我们已经知道创意阶层生活在综合实力强大的城市甚至世界城市里，也知道他们工作在哪些行业里，因此就应该把他们当"贵宾"看待，让他们乐意生活在我们希望他们定居的城市里，心甘情愿地从事他们喜欢、我们希望发展的行业，死心塌地地工作在他们释放热情的职业上。

我们需要经济实力、自然生态、城市网络、人文环境、服务配套等方面组合形成个性和吸引力。

1. 经济实力，是能力空间指标

指这座城市（或一个国家）能够让创意阶层发挥才能的空间。经济实力越强，富集的优势资源就越多，创意阶层获得成长的机会就越多。这个指标包含地区生产总值、人均地区生产总值、人均地区生产总值增长率、三次产业结构、三次产业就业结构、人均收入与支出、消费品零售和旅游、外商投资企业数、外商投资企业产值等。

2. 自然生态，是舒适性指标

指能给人们提供舒适感觉的环境，包括：优良的空气质量、宜人的温湿度、听不见的噪声、纯净的水质、高覆盖率的绿化以及天、地、人和谐的自然环境等。

曾看到这样一则新闻。

> 诺基亚高级副总裁德克不想让家人健康受到影响，决定任期结束后离开北京。诺基亚在招聘高级研发专家时，17个应聘者全部拒绝来北京，15人的理由是空气污染。

这就说明，创意阶层对与健康直接相关的环境越来越重视。

3. 城市网络，是连接性指标

指方便创意阶层快速进出"我"与"非我"的连接性系统，包括：便利快捷的交通、近距离的网络城市、通畅的信息系统、创意网络，以及能整合其他创意资源的协同区位等硬件和软件部分。

4. 人文环境，是亲和性指标

指能让创意阶层随时随地感受到的亲和氛围，包括：和谐包容的社区氛围、鼓励创新的文化、主客共享的人文体验、良好的居民素养、人性的城市管理等。

5. 服务配套，是完善性指标

指能满足创意阶层生活、工作、创业需求的完善服务系统，包括：便捷的生活系统、系统的安全保障、齐备的康疗设施、创意产业促进服务、孵化器、研发平台、知识产权保护、落户补贴等。

当这些主动策略落实后，创意企业就会集聚，形成创意企业群；进而聚合形成某个创意行业，再到某个创意行业群；最好再由若干创意行业形成创意产业和创意产业群。与之对应，创意人也会逐步发展为创意组、创意群落、创意聚落，最后形成创意阶层。

当这些主动策略长期实施后成为大多数人的自觉时，梦想社会就会逐渐繁荣，创意阶层就成了社会的脊梁。当创意阶层成了"为天地立心，为生民立命，为往圣继绝学，为万世开太平"的社会精英时，这个阶层才真正崛起。

延伸案例

硅谷的创业环境和园区文化

美国是当代高科技园区的鼻祖，早在 20 世纪 30 年代，当时还是斯坦福大学工学院院长的弗雷得里克·特曼教授就提出了"将大学和工业结合起来"的设想，并出资 538 美元资助两名研究生休利特和帕卡德创立了"硅谷祖父"——惠普公司，这也是目前世界上最成功的科技园区——硅谷的雏形。

硅谷之所以能成为被公认的世界上最成功的高科技园区，与其所处的地理位置和文化环境有着密切的关系。

硅谷的成功是人才、创业环境、市场、资金的来源和运用、政府的适度介入等因素综合作用的结果，尤其是促进人才价值实现和增值的人才汇集机制。

1. 研究型大学的广泛参与

高科技园区的成功，不仅要有人才，人才还得密集，要形成"智力库"。大学不仅是人才聚集的地方和培养人才的摇篮，而且也是新知识、新技术的诞生地。园区设在高等院校密集的地区，有利于智力与资金的结合及科研与生产的结合。

硅谷有多所研究型大学，如斯坦福大学和加州大学伯克利分校。其中，斯坦福大学对硅谷的形成与崛起有举足轻重的作用。硅谷内，60%～70%的企业是斯坦福大学的教师与学生创办的。多年来，硅谷毫不动摇地坚持大学、科研机构与企业之间相互依赖、高度结合的信条，已被实践证明是开发高技术与发展高科技产业的一条康庄大道。

2. 良好的创业环境

人才密集是高科技园区成功的必要条件，但是，密集的人才能否取得成功，还要看有没有很好的创业环境。创业环境包括：产业运作环境、社会环境和自然环境。

（1）宜人的气候和良好的生活质量

硅谷的大多数公司都位于美国的阳光地带，这里气候宜人、地域空旷、生活设施完善，不断吸引着工程师和其他技术人员以及新公司到来；而且，一到这里，这些因素就会使他们舍不得离开。

当然阳光并不是人们愿意来此居住的唯一原因，更重要的是生活质量，这体现在海滩、滑雪、剧院以及其他文化社交活动条件的优越上。在硅谷，人们可以聆听交响乐，观赏新英格兰秋天的落叶，享受科德角海滩的舒适。

（2）完善的技术基础设施

由于科技园区内的超强竞争以及高技术产品的生命周期大大缩短，抢时间成为一个非常主要的因素。园区内的技术基础设施好坏对此影响很大。如果创新企业家在设计和制作一个新产品时缺一个零部件，可以在 10 分钟之内送到；如果想创办一个公司或获得风险投资，手续很简单，园区内有熟悉各种业务的律师进行咨询服务和办理事务。硅谷有许多人有本事在一个下午把公司组织起来。

（3）创造一个孵化点子的环境

在硅谷，人们到处都在交流自己的新点子，在咖啡馆里、在运动场上、在互联网上等各种场合，不管资历高低、年龄长幼，或肤色黑白，只要你有标新立异的新思想，你就会受到尊重。

（4）扁平的网络式管理结构

硅谷的办事机构效率之所以高，在于它的管理部门是一个扁平的网络式结构，而不是一个自上而下、层层审批的阶梯结构。

（5）完善的保护知识产权和公平竞争的法律环境

20 世纪 30 年代以来，美国颁布了 20 多部有关就业、劳动保护和知识产权保护方面的法规，有效减少和避免了就业领域存在的种族、身份、宗教歧视等行为，为来自不同国家和地区的人才提供了充分的权利保障。这也是硅谷人才汇集机制得以形成的重要的法制基础。

3. 独特的硅谷文化

硅谷的奇迹究竟是什么造成的？不少人都把硅谷的成功归因于"硅谷文化"。硅谷文化是在高科技产业发展的特殊环境中逐步形成的地区文化，其内涵主要表现在以下四个方面。

（1）勇于创业，鼓励冒险，宽容失败

越来越多的硅谷人认为，冒险与机会同在，没有冒险，就不可能有新的发展机会，但冒险又可能会失败。正因如此，硅谷人对失败极为宽容。在硅谷，成功者受到尊重，失败者也不会遭受任何歧视，人们最看不起的是那些不敢冒风险的胆小鬼。

硅谷文化中对失败的宽容气氛，使得人人都想一试身手，开创新企业，这同时也激发了员工大胆尝试、勇于探索的创新热情。

（2）崇尚竞争，平等开放

在硅谷，每个公司乃至每个人无时无刻不在感受着竞争的压力。在严密、公正的市场竞争法则下，人们既着力于自身能力和水平的不断提高，又注重在竞争中向对手学习，尊重对手，在平等中交流。硅谷人可以毫无顾忌地充分发表个人的意见和观点，其同事或上司不仅会予以鼓励，而且会在充分评价的基础上，认真吸纳有价值的意见和建议。

在硅谷，企业家们营造了一种在美国其他地区没有的和谐氛围，工程师和科学家们上班时是竞争对手，下班后仍为亲密朋友。

硅谷的高开放度也促成了人才的高流动性，这种高开放性和高流动性，对吸引和凝聚高素质的人才，充分发挥他们的创造潜力是至关重要的。

（3）知识共享，讲究合作

硅谷人不仅具有强烈的个体创新精神和竞争精神，而且十分注重团队精神。随着技术复杂性的增加和知识更新加快，任何人都无法单独完成复杂的技术创新，必须依靠协同、合作和群体的力量来完成。

硅谷的工程师和企业家来自五湖四海，举目无亲，在当地缺乏家族联系，这种处境使他们在开发新的项目中相互认知，精诚团结，没有繁文缛节，没有出身尊卑的等级观念，大家平等相待，同事朋友之间互通消息，互助发展，避免重复工作，形成了高度联系的社会网络。咖啡馆、俱乐部、餐厅、健身房、展示会、互联网等都是交流的好去处，信息交流成为完善新设计、激发灵感、相互学习和解决难题的好办法。

（4）容忍跳槽，鼓励裂变

由于技术创新层出不穷，创新小公司的成功机会也会增多。为了实现自己的雄心壮志，工程师和管理人员经常跳槽，或创办自己的公司，或另谋高职。这在硅谷是很正常的现象，不仅不会受到谴责，还会得到支持与鼓励，因为这种有所作为的表现，有益于技术扩散和培养经验丰富的企业家。

4. 重视对创新人才的培养、挖掘和开发

健全的创新体系和充足的创新人才是硅谷发展永远不竭的动力。为了加强对本国创新人才的培养，美国一方面大大增加了对教育经费的投入，尤其是大学经费和职业培训费；另一方面改革国内教育制度，提高教育水平，加强对在岗在职人员进行职业培训，实施终身教育。除了发展教育外，硅谷的高科技企业十分重视建立学习型组织和流程再造。

在培养本国创新人才的同时，美国也注重挖掘和利用别国人才。美国专门对需要的国外人才颁发 H‑1B，即非移民短期工作签证。持有此签证的人主要在计算机及相关行业供职。目前，在美国的此类签证持有者人数已超过150 万。另外，美国已与 70 多个国家签署了 800 多个科技合作协议，采取国际科技的方式利用别国人才，攻破多项重大科研项目。

（资料来源：佘凌，《美国硅谷：创业环境和园区文化》，《江南论坛》2010 年 8 期，有改动）

最大的创意

这是最好的时代，这是最坏的时代；这是智慧的时代，这是愚蠢的时代；这是信仰的时期，这是怀疑的时期；这是光明的季节，这是黑暗的季节；这是希望之春，这是失望之冬；人们面前有着各样事物，人们面前一无所有；人们正在直登天堂，人们正在直下地狱。

——英国著名文学家　狄更斯

之所以在此冒着被很多读者唾弃的风险引用被无数次引用的狄更斯《双

城记》的开头，是因为这确实是一个足够"双面"的时代。技术极为发达的现代，物质也极为丰富，人们不仅沉迷于技术（或技术带来的享受），还更加迷恋物质。我曾在《在迪拜，等灵魂》中写道："理想与诗歌淹没于人们在利益场中扬鞭而起的红尘，理想窒息了，人们不再是物质的短暂情人。"

我们沉迷于技术，以为技术就是社会发展的唯一利器。江晓原先生在《从〈雪国列车〉看科幻中的反乌托邦传统》的文末写道："今天的科学技术，正是在这百余年间的某个时刻，告别了她的纯真年代。"过度依赖现代技术支撑的现代化很可能就是一辆"雪国列车"，所以需要更大的创意来让这辆列车变成普通的火车，而这正是需要梦想社会解决的。

我们迷恋物质，恶性膨胀的财富欲望成了一种意识形态，扭曲了我们的思维模式；勒庞在《乌合之众》中说到的"断言法、重复法和传染法"被人们娴熟运用，心达而险，行辟而坚，言伪而辩，记丑而博，顺非而泽（荀子眼里的人有五恶），扭曲了我们的言行；这些都让文化精神枯萎——文化如果持续低俗下去，结果就是"人们正在直下地狱"。这场赫胥黎式的"文化成为一场滑稽戏"仍然需要更大的创意来让它变成原味的生活演出，而这仍然需要梦想社会来解决。

（一）不是颠覆

今天，现代技术特别是互联网技术让这个地球的生产方式发生了革命性的变化，推动了社会的进步，因此我们沉迷于这些技术，以为只要充分利用这些技术或更快地迭代这些技术就可以永保成功。所谓的互联网思维更是尘嚣甚上，且不说电力和蒸汽机的发明未见"电力思维"和"蒸汽机思维"，单是其提出的用户、简约、极致、迭代、平台、跨界等看似"互联网思维"化的词都是经典营销理论的常见词，而且把"颠覆"变成了一个口头禅——当"创新"成为口头禅时，我们也只见舌头上的"茧"，未见手上的"茧"。如果手上没茧，就没有足够大的创新，哪来"颠覆"？仅看到其中的浮躁和焦虑，最后颠覆的只能是自己。

在 TRIZ 法研究过程中，根里奇·阿奇舒勒提出了创造性等级的概念，并对 5 级发明提出了如下结论。

级别	创新程度	分布比例	知识来源	试错法次数
1	已有方法少量改进技术系统	32%	专业领域	10
2	一定的改进	45%	行业领域	100
3	根本性的改进	18%	学科领域	1000
4	全新的概念	4%	学科边界之外	10000
5	科学新发现的技术应用	<1%	所有已知知识之外	100000 甚至更多

可以发现，77%的专利都处于1、2级，第3级的"根本性改进"的发明专利仅占18%，第4级"全新的概念"只占4%，第5级"科学发现的技术应用"不到1%，所以能称之为"颠覆"的应该达到第4级以上，可是目前绝大多数所谓的"颠覆"仅处于第1、2级较低的水平。这就是根里奇·阿奇舒勒说到的创新过程的悲剧："人们在解决高级创新的问题时，一直在应用仅与解决低级创新有关的方法。"

特斯拉电动汽车在资本市场的收获远大于汽车实体市场，号称颠覆了传统汽车行业。可是从技术上看，电池驱动的交通工具叉车、电瓶船、电瓶车早已常见，它只是一种低级创新，何来颠覆？通用汽车正在研制的"只需要8克，充一次电就能开一辈子"的核燃料汽车是不是更应该算颠覆？也许特斯拉的定位想让人认为其在颠覆——是玩具，不是交通工具。从商业模式看，也是现有模式的利用，如苹果体验中心的模式。

无人驾驶汽车算得上是对传统汽车控制方式的颠覆（它还是汽车，只是由人驾驶替代为电脑驾驶），但它并不是互联网公司的新创技术。据新华网报道，由中国第一汽车集团公司和国防科学技术大学合作研制的红旗CA7460自动驾驶轿车在2003年已经试验成功；由国防科技大学自主研制的红旗HQ3无人车于2011年7月14日首次完成了从长沙到武汉286千米的高速全程无人驾驶实验。国外也有很多这样的研究。

没有改变事物、行业的本质，就没有颠覆。如此来看，雕爷牛腩、黄太吉煎饼们没有颠覆谁，只是借着熟络的网络营销给自己或被别人穿上了一件"皇帝的新衣"。

（二） 回归本性

近百年来社会经济的快速发展似乎已使人们成了醉汉，穿上了红舞鞋，一方面在追求财富的路上永不停歇，另一方面在充满感官刺激、欲望和恶搞的庸俗文化中娱乐至死。在响应《杨澜访谈录》六周年特别节目的"一百年后的中国是什么样子？"的回答文章时，周国平先生写道：

> 有趣的是，你们会想象不出，这是一个多么无趣的时代。我朝四周看，人人都在忙碌，脸上挂着疲惫、贪婪或无奈，眼中没有兴趣的光芒。
>
> 老人们一脸天真，聚集在公园里做儿童操和跳集体舞，孩子们却满脸沧桑，从早到黑被关在校内外的教室里做无穷的功课。
>
> 学者们繁忙地出席各种名目的论坛和会议，在会上互选为大师，使这个没有大师的时代有了空前热闹的学术气氛。
>
> 出版商和媒体亲密联盟，适时制造出一批又一批畅销书，成功地把阅读由个人的爱好转变为大众的狂欢。
>
> 开发商和官员紧密合作，果断地将历史悠久的古建筑和老街区夷为平地，随后建造起千篇一律的大广场和高楼群。
>
> 许多有趣的事物正在毁灭，许多无趣的现象正在蔓延。
>
> 我不得不说，我生活在一个多么无趣的时代。

这是一个无趣的时代，也是一个有趣的时代——它的有趣在于人们把无趣当作了有趣。因此，奥威尔预言的文化精神死于"文化成为一个监狱"会落空，而赫胥黎预言的文化精神死于"文化变成一个娱乐至死的舞台"正在紧锣密鼓地上演。

不过，人类的物欲恶性膨胀几乎已经到了极限，"娱乐至死"尽管还在借助微信、微博等自媒体"暖风熏得游人醉"，但世界毕竟已处于一个新的转型期：经济增长模式由效率驱动型转向创新驱动型；人们由外在的物质极度索取慢慢转向内在精神的逐渐丰盈。

我认为，回归物性、人性、天性融合的本性才是最大的创意。

产品和服务祛除它被人为加上的各种概念包装，回到它本来的样子——产品最好的广告就是它自己。

奢侈品褪尽高高在上的光环，告别非必需品，回到它本来的样子——时间、空间、闲适、环境、安全、空气等生活必需品。

教育消除掉被各种功利嫁接的怪胎，回到它本来的样子——传道、授业、解惑。

企业跳出各种资本兵法、互联网思维的暴富忽悠，卸掉各种道德标榜和虚假承诺，回到它本来的样子——实实在在创造价值，把顾客当真正的朋友。

人类放下形形色色的面具和"身时代"追求的"酒足饭饱"，回到它本来的样子——心满意足、气定神闲、人人和合、天人合一。

褚橙、柳桃、潘苹果、张大枣，这些商界大佬与农业结合是偶然的吗？李嘉诚投资人造鸡蛋项目、盖茨资助研发史上最薄避孕套，这些传奇商业领袖投资传统项目是偶然的吗？

从高大上的联想集团控股中国最大的水果全产业链企业佳沃集团，恒大集团进军水业、农业、乳业，传统手工艺的复苏（例如奢侈品牌与苗族绣品、银饰结合），有故事的土特产畅销（如仁寿县的芝麻糕在成都一环路沿线开设专卖店）也许可以看出一些端倪：回归本性。

（三）人回归之所以为人的本性

《三字经》开篇即是"人之初，性本善"。孔子在《论语·宪问》中说"仁者不忧，知者不惑，勇者不惧。"提出仁、智、勇是"君子"理想的三要素。

孟子在《孟子·公孙丑上》中说："无恻隐之心，非人也；无羞恶之心，非人也；无辞让之心，非人也；无是非之心，非人也。恻隐之心，仁之端也；羞恶之心，义之端也；辞让之心，礼之端也；是非之心，智之端也。人之有是四端也，犹其有四体也。"认为仁、义、礼、智是人有别于"非人"的本性。费尔巴哈认为："人是那个自然界在其中化有人格、有意识、有理性的实体的东西。"

尽管众说纷纭，但我们可以发现其中的共性：仁、义、智，这是人际关系中的中国伦理，也是人人和合的中国智慧。仁义，可以包容一切；智慧，可以穿透一切。

"仁""义"是儒家极为看重的，所谓仁者爱人，见利思义。董仲舒用

"仁义"把人（原义指君王）分成了王者、霸者、安者、危者和亡者，即"王者爱及四夷，霸者爱及诸侯，安者爱及封内，危者爱及旁侧，亡者爱及独身"（《春秋繁露·仁义法》）。荀子甚至认为："先义而后利者荣，先利而后义者辱"（《荀子·荣辱》）。

孟子说："人皆有所不忍，达之于其所忍，仁也；人皆有所不为，达之于其所为，义也"（《孟子·尽心下》）。因此，我们不仅要"己所不欲，勿施于人"（《论语·颜渊》），而且要"己欲立而立人，己欲达而达人"（《论语·雍也》）。

回归本性的人，才是德国哲学家弗里德里希·席勒在他的著名的《审美教育书简》中所说的"人"："只有当人充分是人的时候，他才游乐；只有当人游乐的时候，他才完全是人。"才能体会到苏东坡所描绘的人生赏心十六件乐事。

> 清溪浅水行舟；
>
> 微雨竹窗夜话；
>
> 暑至临溪濯足；
>
> 雨后登楼看山；
>
> 柳荫堤畔闲行；
>
> 花坞樽前微笑；
>
> 隔江山寺闻钟；
>
> 月下东邻吹箫；
>
> 晨兴半柱茗香；
>
> 午倦一方藤枕；
>
> 开瓮勿逢陶谢；
>
> 接客不着衣冠；
>
> 乞得名花盛开；
>
> 飞来家禽自语；
>
> 客至汲泉烹茶；
>
> 抚琴听者知音。

也才可能享有清代画家高桐轩的"人生十乐"：耕耘之乐、把帚之乐、教子之乐、知足之乐、安居之乐、畅谈之乐、漫步之乐、沐浴之乐、高卧之乐、曝背之乐。

如何回归本性？修身修己。《大学》所述路径：格物、致知、诚意、正心、修身。即"物格而后知至；知至而后意诚；意诚而后心正；心正而后身修"。蔡元培先生在《中学修身教科书》第一章《修己》总论中写道：

> 自我修养的方法有很多，而以健康强壮的身体为最重要。身体不健康，虽然有美好的理想，也无法自己达到。但健康强壮了却不能开启知识，锻炼技能，那跟牛马有什么区别呢；所以又不可以不寻求知识和技能。

> 知识丰富了，技能精湛了，而没有道德品质来统率，反而会增加过失、导致错误，所以又不可以不修养道德。因此，自我修养的方法在于体育、智育、德育，三者并重，不可偏废。

但这还不够，还需要文化回归本性。

（四）文化回到"观乎人文以化成天下"的初衷

《周易》的《贲卦·象传》中说："观乎天文以察时变，观乎人文以化成天下"，其中的"人文"是指社会人伦，化成天下即"以文化人"，使自然的人成为文化的人。

要想打破赫胥黎的"文化变成一个娱乐至死的舞台"的预言，就要把文化从充满感官刺激、欲望和无规则游戏的庸俗文化中解救出来，需要第二次文艺复兴，让文化回归本性，让文化的人成为自然文化的人。

李泽厚先生把中国文化定位为全球化进程中的"文明的调停者"，他在《初拟儒学深层结构说（1996）》中写道：

> 作为生命，作为人性，它们包含着情感，是历史的产物。如果要求哲学回到生命，回到人生，便也是要求回到历史，回到这个情深意真的深层结构。而这，也正是我所盼望的第二次文艺复兴。第一次文艺复兴则是从神的统治下解放出来，确认了人的感性生存；第二次文艺复兴则盼望人从机器（物质机器和社会机器）的统治下解放出来，再一次寻找和确认人的感性自身。面对当前如洪水般的悲观主义、反理性主义、解构主义，儒学是否可以提供另一种参考系统，为创造一个温暖的后现代

文明作出新的"内圣外王之道"（由某种乐观深情的文化心理结构而开出和谐健康的社会稳定秩序）的贡献呢？从而，儒学命运难道不可以在崭新的解释中获得再一次生存力量和世界性的普泛意义吗？

在后来的一些访谈中，他更明确地提出了中国将可能引发人类的第二次文艺复兴的论断——第二次文艺复兴将回到以孔子、庄子为核心的中国古典传统，其成果是将人从机器的统治下解放出来，使人获得丰足的人性与温暖的人情。

只有这样，才能回答为什么文艺复兴时期的达·芬奇、米开朗琪罗等很多大师不仅是艺术家，还是工程师、建筑家，甚至科学家的问题，也能回答"为什么我们的学校总是培养不出杰出人才"的钱学森之问。

曹世潮先生在《我们的命运——以往6000年与未来120年的世界形势及其为什么》一书中从人的生理需求、心理需求和精神需求逐级满足的趋势分析，认为"至2060年左右，生存问题解决，情感需求产生，文化已发生变化，情感、伦理文化将主导这个世界"，即世界进入中国文化主导的时代。当然，照现在的世界经济发展的速度和进程，这个时间节点很可能提前到2020年。

回归人文精神，这是我们的美好愿望，也是世界前景，最大创意也需要为之展开。

参考文献

［1］赵世勇，等. 疯狂 AD：创意广告设计［M］. 天津：天津大学出版社，2013.

［2］于尔格·维格林. 斯沃琪手表的创意魔法：一个低端品牌靠创意通吃全球市场［M］. 龚琦，译. 南昌：江西文艺出版社，2013.

［3］周耀烈，刘艳彬. 创造性思维：创意生成的智慧［M］. 吉林：吉林大学出版社，2010.

［4］陈书凯. 激发创意的思维谜题［M］. 北京：中国纺织出版社，2013.

［5］梁良良，黄牧怡. 走进思维的新区：创意思维训练实用手册［M］. 北京：中央编译出版社，2006.

［6］余鸿. 思维决定创意：23 种获得绝佳创意的思考法［M］. 北京：中国纺织出版社，2012.

［7］郝广才. 创意，就是没有标准答案［M］. 北京：中信出版社，2012.

［8］松永安光. 世界著名建筑100 例［M］. 小山广，小山友子，译. 北京：中国建筑工业出版社，2005.

［9］欧崇敬. 创意学：激发潜能的脑内大革命［M］. 台北：秀威资讯，2010.

［10］理查德·佛罗里达. 创意阶层的崛起［M］. 司徒爱勤，译. 北京：中信出版社，2010.